Arbeitsheft

Zahlen und Größen
Klasse 9
Erweiterungskurs
Nordrhein-Westfalen

LÖSUNGEN

Cornelsen

Berater: Udo Wennekers

Redaktion: Berit Kroschel

Illustration: Gudrun Lenz, Berlin
Umschlaggestaltung: hawemannundmosch, Berlin
Grafik/Zeichnung: Christian Böhning
Technische Umsetzung: Ralf Franz, CMS – Cross Media Solutions GmbH

Bildnachweis
Fotos Titel: F1 online ; 3/1 Shutterstock/Syda Productions; 11/1 Shutterstock/Rido; 14/1 Shutterstock/Henrik Larsson; 15/1 Shutterstock/Brian Kinney; 17/1 Shutterstock/argo74; 21/1 Markus Gaa Fotodesign, Heidelberg; 25/1 Shutterstock/Antlio; 27/1 Shutterstock/david palau; 33/1 Shutterstock/Andresr 39/1 Fotolia/Kalle Kolodziej; 42/1 Shutterstock/Steve Collender; 43/1 Shutterstock/de2marco; 45/1 Shutterstock/Cranach; 50/1 Shutterstock/4Max; 51/1 Kroschel, Berit, Berlin; 51/2 Fotolia/Andre Bonn; 53/1 Fotolia/indigolotos; 55/1 Shutterstock/smuay

Inhaltsverzeichnis

Dieses Heft gehört:

Klasse:

Lineare Funktionen

▶ Grundwissen

- Eine Funktion der Form $y = f(x) = mx + n$ heißt lineare Funktion.
- Der Graph einer linearen Funktion ist eine Gerade.

Beispiel: Eine Ferienwohnung kostet pro Tag 50 €.
Zusätzlich sind 40 € für die Endreinigung zu zahlen.

$y =$ $50x + 40$ (x steht für die Anzahl der Tage. y steht für die Gesamtkosten in Euro.)

x	3	4	5	6	7
y	190	240	290	340	390

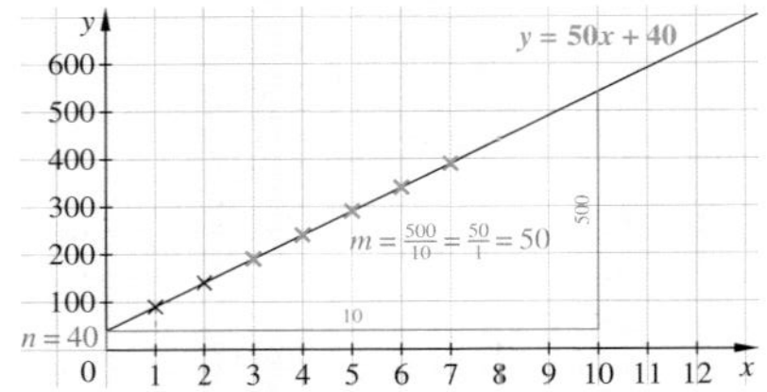

▶ Auftrag: Ergänze die Funktionsgleichung und die Tabelle. Trage die zugehörigen Punkte im Koordinatensystem ein.

Trainieren

1 Verschiedenartige Funktionen

① $y = x \cdot x$

x	−2	−1	0	1	2
y	4	1	0	1	4

② $y = x$

x	−2	−1	0	1	2
y	−2	−1	0	1	2

③ $y = 2x + 1{,}5$

x	−2	−1	0	1	2
y	−2,5	−0,5	1,5	3,5	5,5

④ $y = 1 : x$

x	−2	−1	0	1	2
y	−0,5	−1	n. d.	1	0,5

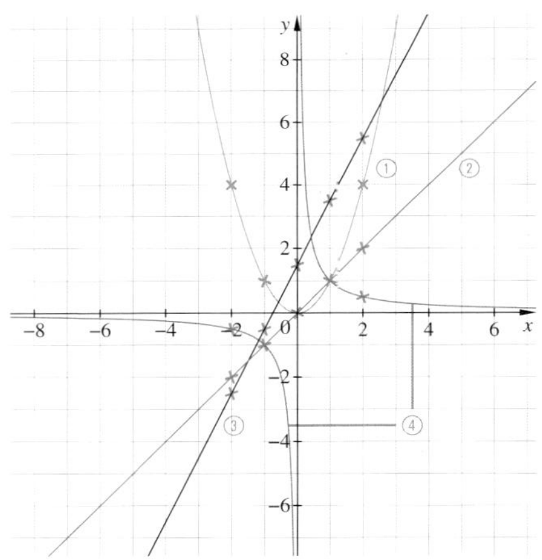

a) Ergänze die Wertetabellen.

b) Trage entsprechende Punkte im Koordinatensystem ein und ordne die passenden Graphen zu.

c) Gib die beiden linearen Funkionen an und nenne jeweils mindestens zwei ihrer Eigenschaften.

Eine lineare Funktion ist $y =$ x.
z. B.
Der Graph ist eine Gerade, die durch den Koordinatenursprung (0 | 0) verläuft. Die Steigung ist 1 ($m = 1$).

Die Gerade ist die Winkelhalbierende des 1. Quadranten. Es ist eine proportionale Zuordnung.

Eine lineare Funktion ist $y =$ $2x + 1{,}5$.
z. B.
Der Graph ist eine Gerade mit der Steigung 2 ($m = 2$). Er schneidet die y-Achse bei 1,5.

Nullstelle ist $x = -0{,}75$.

2 Lineare Funktionen mit Gemeinsamkeiten

a) Gib die Funktionsgleichungen an.
Hinweis: „$f(x)$" steht für „y".

① $y =$ $-x$

② $y =$ $-x + 3$

③ $y =$ $-x - 3$

④ $y =$ $0{,}5x$

⑤ $f(x) =$ $0{,}5x + 2$

⑥ $f(x) =$ $0{,}5x - 2$

⑦ $f(x) =$ -3

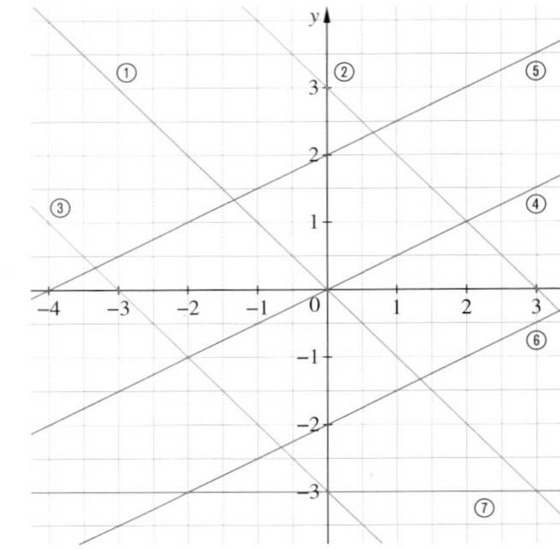

b) Der Graph einer Funktion verläuft parallel zu $f(x) = -x - 3$ und durch den Punkt $P(0 | -7)$.
Gib die zugehörige Funktionsgleichung an. $f(x) = -x - 7$ ($y = -x - 7$)

c) Zusatzaufgabe: Der Graph einer Funktion verläuft senkrecht zu $f(x) = -x - 3$ und durch den Punkt $P(0 | 3)$. Gib die zugehörige Funktionsgleichung an. $f(x) = x + 3$ ($y = x + 3$)

Anwenden und Vernetzen

3 Helena möchte für sich und ihre Freundinnen Shirts im Internet bestellen. Jedes Shirt kostet 20 €.
Für Versand und Verpackung sind einmalig 6 € zu zahlen.

a) Ergänze die Tabellen.

Anzahl der Shirts	1	2	3	6
Gesamtkosten in €	26	46	66	126

Anzahl der Shirts	1	2	3	6
Kosten je Shirt in €	26	23	22	21

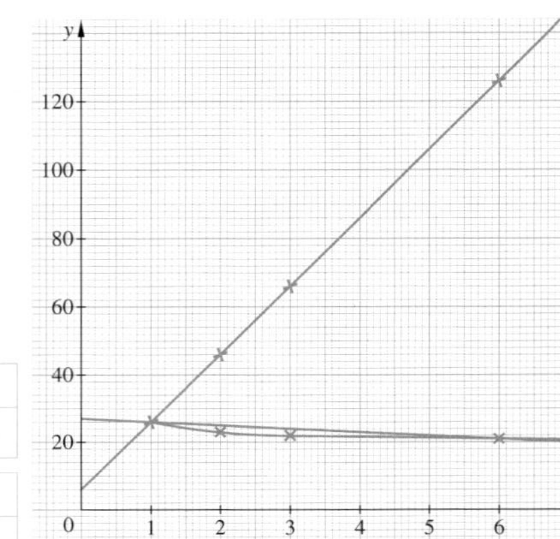

b) Trage alle entsprechenden Punkte im Koordinatensystem ein.
Was fällt auf?
Der Graph der zweiten Zuordnung nähert sich $y = 20$ an.
Die zweite Zuordnung ist keine lineare Funktion, da die Punkte nicht auf einer Geraden liegen.

c) Kreuze die passenden Funktionsgleichungen an.

Anzahl der Shirts → Gesamtkosten in €: ☐ $y = 6x + 20$ ☒ $y = 20x + 6$ ☐ $y = x + 26$

Anzahl der Shirts → durchschnittliche Kosten je Shirt in €: ☒ $y = (20x + 6) : x$ ☐ $y = 20 + 6x$ ☐ $y = x \cdot (20x + 6)$

Lineare Gleichungen mit zwei Variablen

▶ Grundwissen

- Jede lineare Gleichung kann in die Form $y = mx + n$ gebracht werden. (x und y sind Variablen. m und n sind Zahlen.)
- Jeder Lösung $(x|y)$ einer linearen Gleichung entspricht ein Punkt auf der zugehörigen Geraden.

Beispiel: $y - 4 = -0{,}5x \quad | +4$

$y = -0{,}5x + 4$ Das Wertepaar (0|4) ist eine Lösung.

x	0	2	4	6	8
y	4	3	2	1	0

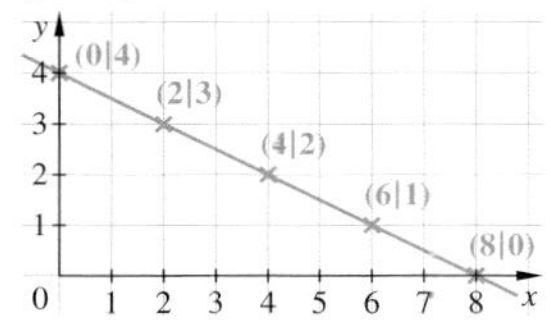

▶ Auftrag: Ergänze die Tabelle und trage die zugehörigen Punkte im Koordinatensystem ein.

Trainieren

1 Kreuze zuerst die linearen Gleichungen an.
Unterstreiche danach in den anderen Gleichungen die Terme, die nicht in linearen Gleichungen vorkommen.
Zusatzaufgabe: Forme auf einem zusätzlichen Blatt die Gleichungen nach y um.

☒ $y = 5$ ☒ $y = 2x$ ☒ $y = 2x + 5$ ☐ $y = x \cdot x$ $y = x^2$

☐ $y^3 = 5x - 7$ $y = 25x - 7$ ☒ $y = x$ ☐ $y \cdot 2x = 8x + 2$ $y = \frac{1}{x} + 4$ ☒ $2y - 4 = 0$ $y = 2$

2 Ordne den linearen Gleichungen Lösungen zu. Zeichne sieben Linien ein.

$y = x + 4$ $y - 5 = 2x$ $0 = x + y$ $2y + 3x = 1$

(1|−1) (1|5) (1|7) (2|6) (2|−2) (3|−4) (−5|8)

3 Ergänze zuerst die Wertetabellen. Veranschauliche danach die Lösungen mithilfe von Geraden im Koordinatensystem.

a) $y = x + 4$

x	−6	−4	0	2	4
y	−2	0	4	6	8

b) $y = -x - 1$

x	−6	−4	0	2	4
y	5	3	−1	−3	−5

c) $y = 2x - 4$

x	−2	0	2	4	6
y	−8	−4	0	4	8

d) $y = -3x + 1$

x	−2	−1	0	2	3
y	7	4	1	−5	−8

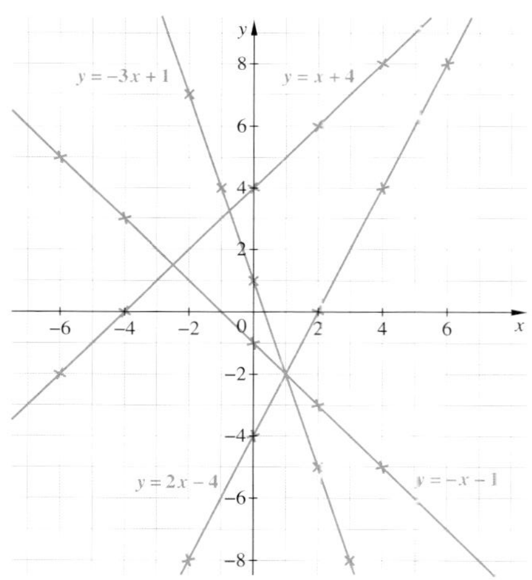

4 Forme zuerst die linearen Gleichungen nach y um.
Veranschauliche danach die Lösungen der linearen Gleichungen mithilfe von Geraden im Koordinatensystem.

a) $y + 5 = 4x \quad | -5$

$y = 4x - 5$

b) $y + 0{,}6x = 3 \quad | -0{,}6x$

$y = 3 - 0{,}6x$

c) $2y = -4x - 8 \quad | :2$

$y = -2x - 4$

d) $2y - 6 = 4x \quad | +6$

$2y = 4x + 6 \quad | :2$

$y = 2x + 3$

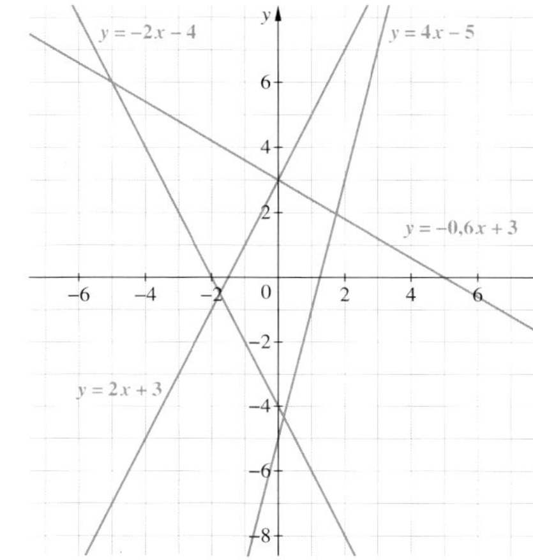

Anwenden und Vernetzen

5 Aus einem 14 cm langen Draht werden Rechtecke gebogen.

a) Gegeben ist jeweils eine Seite eines Rechtecks mit 14 cm Umfang.
Ergänze die fehlenden Seiten und benenne sie mit x bzw. y.

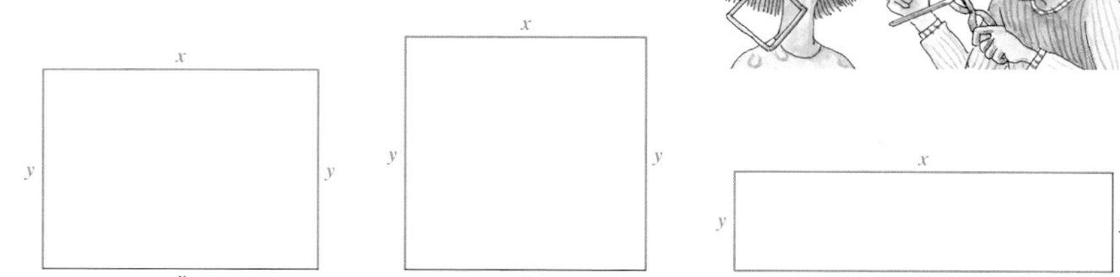

b) Gib im Koordinatensystem mit einer Linie alle möglichen Seitenlängen an.

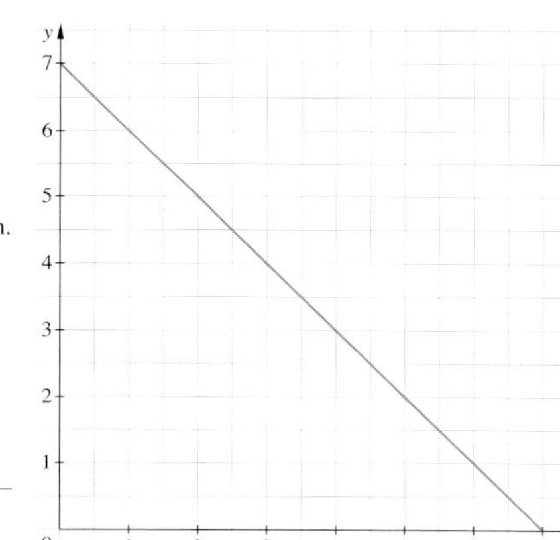

c) Kreuze alle Lösungen an.

☒ $x = 2$ und $y = 5$ ☒ $x = 3{,}3$ und $y = 3{,}7$

☐ $x = 8$ und $y = -1$ ☒ $x = 0{,}6$ und $y = 6{,}4$

d) Ergänze, sodass die Zahlenpaare Seitenlängen angeben.

① $x = 1{,}5$ cm und $y =$ 5,5 cm

② $x =$ 4,2 cm und $y = 2{,}8$ cm

e) Gib eine passende lineare Gleichung an.
Zusatzaufgabe: Was muss für die x-Werte gelten?

$y =$ $-x + 7$ $0 < x < 7$

Lineare Gleichungssysteme grafisch lösen

▶ Grundwissen

- Zwei lineare Gleichungen mit zwei Variablen bilden ein lineares Gleichungssystem.
- Ein Wertepaar $(x|y)$ heißt Lösung des linearen Gleichungssystems, falls es beide Gleichungen erfüllt.
- Es gibt entweder

genau eine Lösung oder **keine** Lösung oder **unendlich viele** Lösungen.

Beispiele:

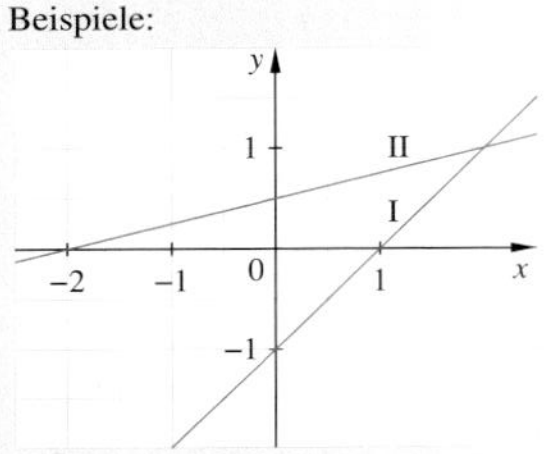

I $y = x - 1$
II $y = 0{,}25x + 0{,}5$
Lösung: $(2|1)$

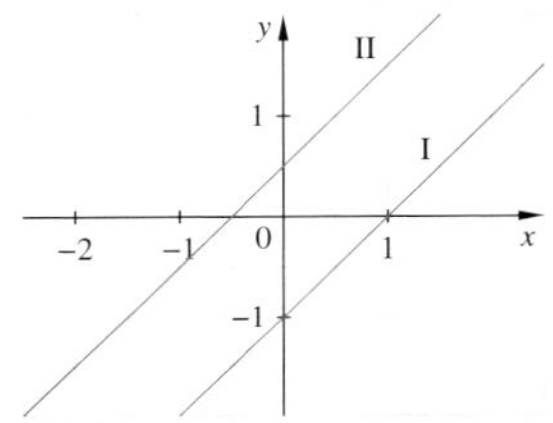

I $y = x - 1$
II $y = x + 0{,}5$
Lösung: keine

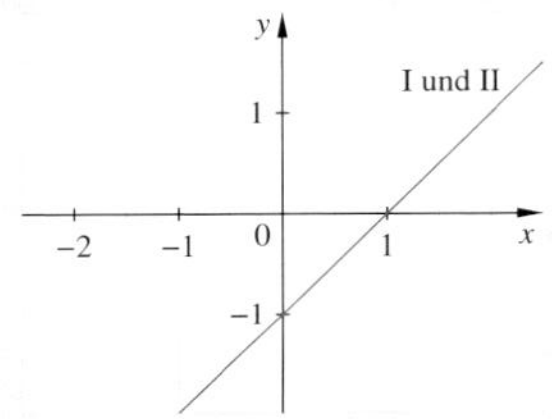

I $y = x - 1$
II $2y = 2x - 2$
Lösung: $(x|x - 1)$

▶ Auftrag: Ergänze den Text.

Trainieren

1 Lösungen linearer Gleichungen und linearer Gleichungssysteme

a) Gib jeweils zwei Wertepaare an, die Lösungen der linearen Gleichungen sind.
Stelle die Lösungen mithilfe einer Geraden im Koordinatensystem dar.

	z. B.
$y = x + 2$	**$(0\|2)$; $(-2\|0)$**
$-1{,}5x = y$	**$(0\|0)$; $(2\|-3)$**
$x = -\frac{2}{3}y$	**$(-2\|3)$; $(0\|0)$**
$y + 1 = -\frac{1}{8}x$	**$(-8\|0)$; $(0\|-1)$**
$y = -1{,}5x + 4{,}5$	**$(0\|4{,}5)$; $(1\|3)$**

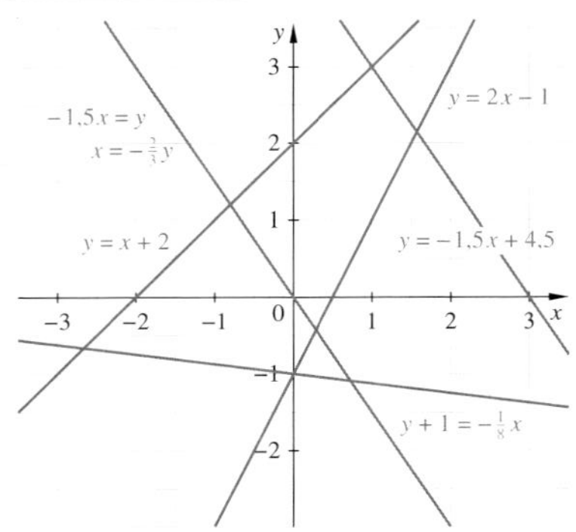

b) Schreibe unter jedes lineare Gleichungssystem dessen Lösungen.
Hinweis: Nutze, wenn möglich, die Zeichnung bei Teilaufgabe **a**.

I $y = x + 2$
II $y = -1{,}5x + 4{,}5$
Lösung: **$(1|3)$**

I $-1{,}5x = y$
II $x = -\frac{2}{3}y$
Lösung: **$(x|-1{,}5x)$**

I $y = -1{,}5x + 4{,}5$
II $x = -\frac{2}{3}y$
Lösung: **keine Lösung**

I $y = -1{,}5x + 4{,}5$
II $y + 1 = -\frac{1}{8}x$
Lösung: **$(4|-1{,}5)$**

c) Gegeben ist die lineare Gleichung $y = 2x - 1$. Zeichne den zugehörigen Graphen ein und gib, wenn möglich, jeweils eine Gleichung an, sodass das lineare Gleichungssystem die angegebene Anzahl an Lösungen hat.

z. B.
I **$y = x + 2$**
II $y = 2x - 1$
genau eine Lösung

I **$y = 2x$**
II $y = 2x - 1$
keine Lösung

I **$y + 1 = 2x$**
II $y = 2x - 1$
unendlich viele Lösungen

I **(nicht lösbar)**
II $y = 2x - 1$
genau drei Lösungen

2 Ermittle grafisch die Lösungen der linearen Gleichungssysteme.

a) I $y = x + 2$
II $y = -x + 4$ Lösung: **$(1|3)$**

b) I $y = x + 2$
II $y = 0{,}4x + 5$ Lösung: **$(5|7)$**

c) I $y = 0{,}5x + 1$
II $y = -x + 4$ Lösung: **$(2|2)$**

d) I $y = -x + 7$
II $y = 0{,}5x + 1$ Lösung: **$(4|3)$**

e) I $y + x = 7$ **$(y = -x + 7)$**
II $y - x = 2$ **$(y = x + 2)$** Lösung: **$(2{,}5|4{,}5)$**

f) I $-x + 7 = y$ **$(y = -x + 7)$**
II $y + x = 4$ **$(y = -x + 4)$** Lösung: **keine Lösung**

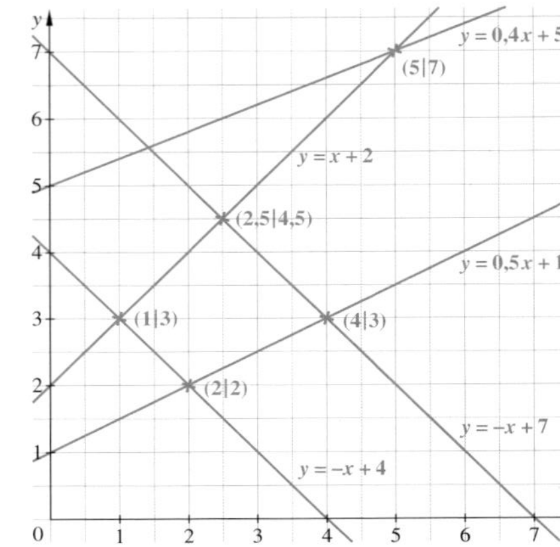

Anwenden und Vernetzen

3 Für zwei neunte Klassen einer Schule steht eine Klassenfahrt an. Einige Schülerinnen und Schüler planen die Zimmerbelegung. Die Lehrerin sagt ihnen:
„Die Jugendherberge hat insgesamt 15 Drei- und Fünfbettzimmer. Darin stehen insgesamt 55 Betten."
Ermittle grafisch die Anzahl der Drei- und Fünfbettzimmer.
Hinweis: Stelle je eine Gleichung zur Anzahl der Zimmer und eine zur Anzahl der Betten auf.

(x steht für die Anzahl der Dreibettzimmer.
y steht für die Anzahl der Fünfbettzimmer.)
Anzahl der Zimmer: $x + y = 15$ bzw. $y = -x + 15$
Anzahl der Betten: $3x + 5y = 55$ bzw. $y = -\frac{3}{5}x + 11$
Es gibt 10 Dreibettzimmer und 5 Fünfbettzimmer.

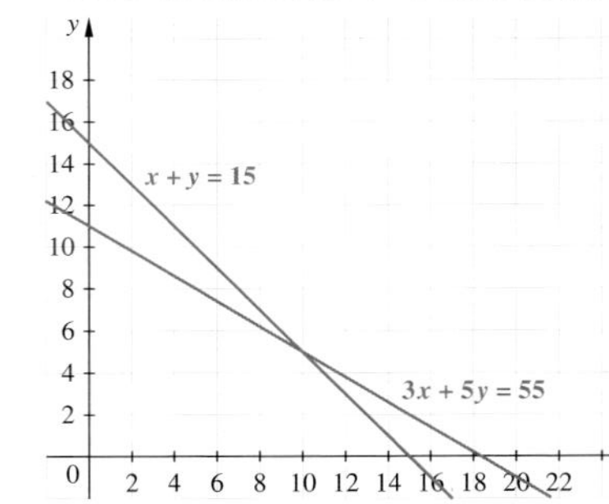

4 In einem Geldscheinzähler sind doppelt so viele 50-Euro-Scheine wie 20-Euro-Scheine. Der Gesamtwert der Scheine beträgt 600,00 Euro. Wie viele 50-Euro-Scheine und wie viele 20-Euro-Scheine sind im Geldscheinzähler?

(x steht für die Anzahl der 20-Euro-Scheine.
y steht für die Anzahl der 50-Euro-Scheine.)
Anzahl der Scheine: $y = 2x$
Wert der Scheine: $20x + 50y = 600$ bzw. $y = -\frac{2}{5}x + 12$
Es sind fünf 20-Euro-Scheine und zehn 50-Euro-Scheine.

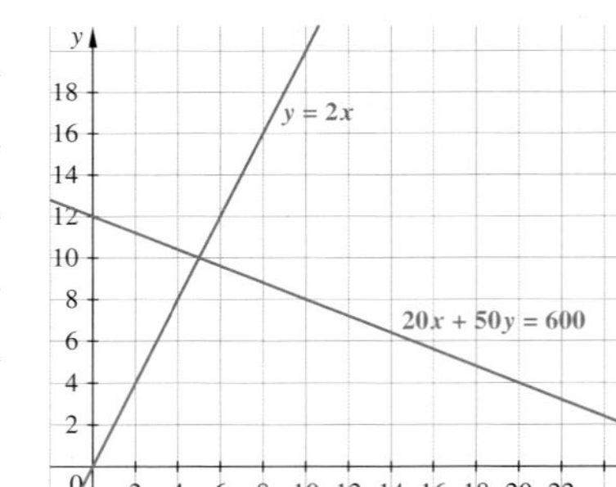

Gleichsetzungsverfahren

▶ Grundwissen

1. Gegebenenfalls beide Gleichungen nach derselben Variablen umformen (oder nach dem gleichen Term mit nur einer Variablen), damit das Gleichsetzungsverfahren angewandt werden kann.
2. Terme gleichsetzen und die Lösung der Gleichung berechnen.
3. Errechnete Lösung in eine gegebene Gleichung einsetzen und den zweiten Wert der zweiten Variablen berechnen.

Beispiel: I $y = 6x$
II $y = 5x + 5$

$6x = 5x + 5 \quad | -5x$
$x = 5$

$y = 6 \cdot 5$
$y = 30$

Lösung: (5 | 30)

▶ Auftrag: Betrachte das Beispiel und ergänze die Anweisungen.

Trainieren

1 Stelle jeweils beide Gleichungen nach der im Stern angegebenen Variablen um.
Hinweis: Nutze gegebenenfalls ein zusätzliches Blatt zum Umstellen der Gleichungen.

a) I $y - 7 = 2x$ II $y + 3 = 5x$ (Stern: y)
I $y = 2x + 7$
II $y = 5x - 3$

b) I $2y = 4 - x$ II $y + 5 = x$ (Stern: y)
I $y = 2 - 0{,}5x$
II $y = x - 5$

c) I $30x = 10y - 40$ II $5 + 5y = 20x$ (Stern: y)
I $y = 3x + 4$
II $y = 4x - 1$

d) I $y + x = 7$ II $8 + x = 3y$ (Stern: x)
I $x = 7 - y$
II $x = 3y - 8$

e) I $21y = 14 - 7x$ II $y + 2 = x - 1$ (Stern: x)
I $x = 3y - 2$
II $x = y + 3$

f) I $9x = 63y - 81$ II $6 + 4y = 5x - 3$ (Stern: x)
I $x = 7y - 9$
II $x = 0{,}8y + 1{,}8$

2 Löse die Gleichungssysteme mithilfe des Gleichsetzungsverfahrens.

a) I $y = 4x - 2$ II $y = 3x + 7$

$4x - 2 = 3x + 7 \quad | -3x$
$x - 2 = 7 \quad | +2$
$x = 9$

$y = 4 \cdot 9 - 2$
$y = 34$

Lösung: (9 | 34)

b) I $5x + 7 = y$ II $y = 2x - 2$

$5x + 7 = 2x - 2 \quad | -2x$
$3x + 7 = -2 \quad | -7$
$3x = -9 \quad | :3$
$x = -3$

$5 \cdot (-3) + 7 = y$
$-8 = y$

Lösung: (−3 | −8)

c) I $2x = 10y - 6$ $(x = 5y - 3)$ II $x = 8y + 3$

$5y - 3 = 8y + 3 \quad | -5y$
$-3 = 3y + 3 \quad | -3$
$-6 = 3y \quad | :3$
$-2 = y$

$x = 8 \cdot (-2) + 3$
$x = -13$

Lösung: (−13 | −2)

3 Markiere den Fehler.

I $7y - 1 = 2x$
II $6y + 4 = 2x$

$7y - 1 = 6y + 4 \quad | -6y$
$y - 1 = 4 \quad | +1$
$y = 5$

(17 | 5)
Lösung: (5 | 17)

4 Stelle die Gleichungen zur Berechnung des Werts einer Variablen auf.
Überlege, welche Terme sich zum Gleichsetzen anbieten.
Hinweis: Forme gegebenenfalls eine der Gleichungen im Kopf um.
z. B.

a) I $a : 4 = 7b + 2$ II $a : 4 = 7 - 3b$
$7b + 2 = 7 - 3b$

b) I $9c + 7 = d$ II $d = 8 - 0{,}3c - 2$
$9c + 7 = 8 - 0{,}3c - 2$

c) I $2e = 8f - 6$ II $2e = 8f + 36$
$8f - 6 = 8f + 36$

d) I $7h = 4g - 2$ II $4g = 4h + 7$
$7h + 2 = 4h + 7$

e) I $5i + 7 = k$ II $5k = 2i - 2$
$5i + 7 = 0{,}4i - 0{,}4$

f) I $2l = 10m - 6$ II $8m = 8l + 8$
$10m - 6 = 2m - 2$

5 Maja behauptet, das Gleichungssystem hat keine Lösung.
Hat sie recht? Begründe deine Meinung.

I $7a + 4 = 5d$
II $5d = 5 + 7a$

Sie hat recht.
Man erhält die falsche Aussage „4 = 5“, somit existiert keine Lösung.

Anwenden und Vernetzen

6 Zwei Internet-Anbieter werben um Neukunden.

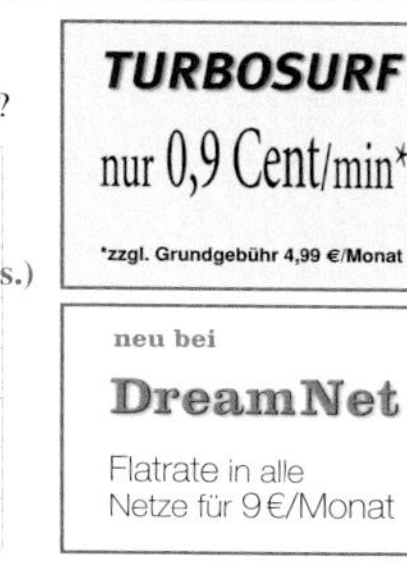

a) Für wie viele Stunden monatliche Nutzungsdauer sind die Angebote etwa gleich teuer?

Tarif Turbosurf: $y = 0{,}009x + 4{,}99$
Tarif DreamNet: $y = 9$
(x steht für die monatliche Nutzungsdauer in Minuten und y für den Monatspreis.)

$0{,}009x + 4{,}99 = 9 \quad | -4{,}99$
$0{,}009x = 4{,}01 \quad | :0{,}009$
$x \approx 445{,}\overline{5}$
$445{,}\overline{5} : 60 \approx 7{,}4$

Bei einer Nutzungsdauer von 7,4 h (7 h 24 min) sind beide Angebote etwa gleich teuer.

b) Veranschauliche beide Tarife.
Kennzeichne den Bereich, in dem der Tarif DreamNet günstiger ist, und den Bereich, in dem Turbosurf besser abschneidet.

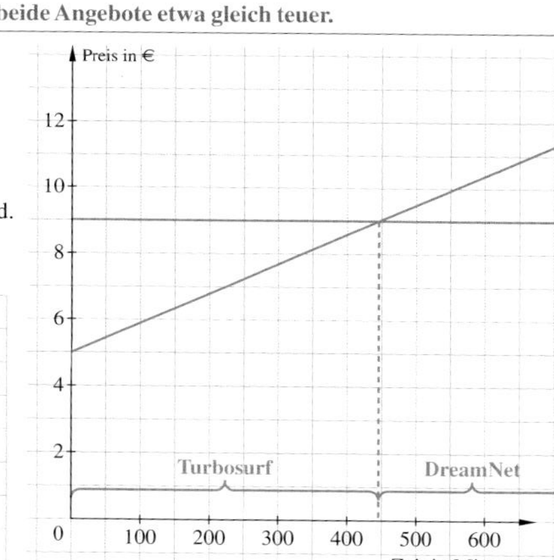

c) Verändere eines der beiden Angebote so, dass die Tarife bei einer Nutzungsdauer von 20 Stunden gleich teuer sind.
Zusatzaufgabe: Überprüft und bewertet eure Vorschläge gegenseitig.

z. B.
Tarif Turbosurf: $y = z \cdot (20 \cdot 60) + 4{,}99$
(z steht für den neuen Minutenpreis.)
Tarif DreamNet: $y = 9$

$z \cdot (20 \cdot 60) + 4{,}99 = 9 \quad | -4{,}99$
$1200 \cdot z = 4{,}01 \quad | :1200$
$z \approx 0{,}0033$

Es könnte dazu z. B. der Minutenpreis beim Tarif Turbosurf auf 0,33 Cent pro Minute gesenkt werden.

Einsetzungsverfahren

▶ Grundwissen

1. Gegebenenfalls eine Gleichung nach einer Variablen auflösen, damit das Einsetzungsverfahren angewandt werden kann.
2. Term der Gleichung, die nach einer Variable aufgelöst ist, für diese Variable in die andere Gleichung einsetzen und die Lösung der Gleichung berechnen.
3. Errechnete Lösung in eine gegebene Gleichung einsetzen und den Wert der zweiten Variablen berechnen.

Beispiel:
I $y = 5x$
II $2y = 2x + 8$

$2 \cdot 5x = 2x + 8$
$10x = 2x + 8 \quad | -2x$
$8x = 8 \quad | :8$
$x = 1$

$y = 5 \cdot 1$
$y = 5$

Lösung: (1 | 5)

▶ Auftrag: Betrachte das Beispiel und ergänze die Anweisungen.

Trainieren

1 Vervollständige die Schritte beim Lösen der Gleichungssysteme mit dem Einsetzungsverfahren.

a) I $y + x = 7$
II $y = 3x - 5$

$(3x - 5) + x = 7$
$4x - 5 = 7 \quad | +5$
$4x = 12 \quad | :4$
$x = 3$

$y = 3 \cdot 3 - 5$
$y = 4$
Lösung: (3 | 4)

b) I $2y = 4 - x$
II $y = x - 1$

$2 \cdot (x - 1) = 4 - x$
$2x - 2 = 4 - x \quad | +x$
$3x - 2 = 4 \quad | +2$
$3x = 6 \quad | :3$
$x = 2$

$y = 2 - 1$
$y = 1$
Lösung: (2 | 1)

c) I $x = 3y - 23$
II $6 + 4y = 5x$

$6 + 4y = 5 \cdot (3y - 23)$
$6 + 4y = 15y - 115 \quad | -4y$
$6 = 11y - 115 \quad | +115$
$121 = 11y \quad | :11$
$11 = y$

$x = 3 \cdot 11 - 23$
$x = 10$
Lösung: (10 | 11)

2 Löse die Gleichungssysteme mithilfe des Einsetzungsverfahrens.

a) I $2y = 8x - 4$
II $y = 3x + 7$

$2 \cdot (3x + 7) = 8x - 4$
$6x + 14 = 8x - 4 \quad | -6x$
$14 = 2x - 4 \quad | +4$
$18 = 2x \quad | :2$
$9 = x$

$y = 3 \cdot 9 + 7$
$y = 34$
Lösung: (9 | 34)

b) I $y = 12x + 8$
II $0{,}5y = 2x - 2$

$0{,}5 \cdot (12x + 8) = 2x - 2$
$6x + 4 = 2x - 2 \quad | -2x$
$4x + 4 = -2 \quad | -4$
$4x = -6 \quad | :4$
$x = -1{,}5$

$y = 12 \cdot (-1{,}5) + 8$
$y = -10$
Lösung: (−1,5 | −10)

c) I $y = 10x - 6$
II $x = 8y - 31$

$x = 8 \cdot (10x - 6) - 31$
$x = 80x - 48 - 31$
$x = 80x - 79 \quad | -80x$
$-79x = -79 \quad | :(-79)$
$x = 1$

$y = 10 \cdot 1 - 6$
$y = 4$
Lösung: (1 | 4)

3 Stelle die Gleichungen zur Berechnung des Werts einer Variable auf.
Überlege, welche Terme sich zum Einsetzen anbieten.
Zusatzaufgabe: Überprüfe deine Gleichungen, indem du die Lösungen auf einem zusätzlichen Blatt ermittelst.

z. B.
a) I $2a = 8b + 2$
II $3a = 7 - 3b$

$3 \cdot (4b + 1) = 7 - 3b$

b) I $9c + 7d = -3$
II $2 + d = 9 - 5c$

$9c + 7 \cdot (7 - 5c) = -3$

c) I $8e + 4 = f$
II $2f = 8 + 16e$

$16e + 8 = 8 + 16e$

Lösung: (2 | −3) b) — Lösung: (a | 8a + 4) c) — Lösung: – — Lösung: $(2\frac{1}{15} | \frac{4}{15})$ a) — Lösung: (−8 | −3)

4 Ordne den Gleichungssystemen die Gleichungen zur Berechnung der ersten Variable zu.
Hinweis: Zeichne fünf Linien ein.

I $y = 7 + x$ II $y + x = 7$	I $2y - 4 = 7 - x$ II $2y = 4 - x$	I $2x = 5y - 23$ II $3x = 3y - 33$	I $4y - 24 = 8x - 4$ II $4x = 8y - 4$

$15y - 69 = 3y - 33$ — $(4 - x) - 4 = 7 - x$ — $2 \cdot (y - 11) = 5y - 23$ — $(7 + x) + x = 7$ — $2y - 12 = (8y - 4) - 2$

Anwenden und Vernetzen

5 Ein Rechteck hat einen Umfang von 19 m. Die eine Seite ist 5 m länger als die andere.
Wie lang sind die Seiten des Rechtecks?

I $a = 5 + b$
II $19 = 2a + 2b$
(a steht für die Länge der längeren Seite in m und b für die Länge der kürzeren Seite in m.)

$19 = 2 \cdot (5 + b) + 2b$
$19 = 10 + 4b \quad | -10$
$9 = 4b \quad | :4$
$2{,}25 = b$

$a = 5 + 2{,}25 = 7{,}25$
$a = 7{,}25$

Die Seiten des Rechtecks sind 2,25 m und 7,25 m lang.

6 Bei einem Handytarif ohne Grundgebühr wird zwischen Haupt- und Nebenzeit unterschieden.
Eine Gesprächsminute in der Hauptzeit kostet 0,11 Euro und in der Nebenzeit 0,07 Euro.
Die Monatsrechnung weist Gesprächsgebühren von 12,30 Euro und eine Gesamtdauer aller Einzelgespräche von 150 Minuten aus.
Wie lange hat der Kunde in der Hauptzeit telefoniert, wie lange in der Nebenzeit?

Anzahl aller Gesprächsminuten: I $x + y = 150$ ($y = 150 - x$)
Gesamtkosten der Gesprächsgebühren: II $0{,}11x + 0{,}07y = 12{,}30$
(x steht für die Anzahl der Gesprächsminuten in der Hauptzeit und y für die Anzahl in der Nebenzeit.)

$0{,}11x + 0{,}07 \cdot (150 - x) = 12{,}30$
$0{,}11x + 10{,}5 - 0{,}07x = 12{,}30 \quad | -10{,}5$
$0{,}04x = 1{,}8 \quad | :0{,}04$
$x = 45$

$y = 150 - 45$
$y = 105$

Der Kunde hat in diesem Monat 45 Minuten in der Hauptzeit und 105 Minuten in der Nebenzeit telefoniert.

Additionsverfahren

▶ Grundwissen

1. Gegebenenfalls eine oder beide Gleichungen so umformen, dass beim Addieren eine der Variablen wegfällt.
2. Addieren der jeweils links bzw. rechts stehenden Terme und Lösen der entstandenen Gleichung mit einer Unbekannten.
3. Errechnete Lösung in eine gegebene Gleichung einsetzen und den Wert der zweiten Variablen berechnen.

Beispiel:
I $-3y = -4x - 7$
II $2y = 4x + 1$

$-3y + 2y = -4x - 7 + 4x + 1$
$-y = -6$ $|\cdot(-1)$
$y = 6$

$-3 \cdot 6 = -4x - 7$ $|+7$
$-11 = -4x$ $|:(-4)$
$2{,}75 = x$

Lösung: $(2{,}75|6)$

▶ Auftrag: Betrachte das Beispiel und ergänze die Anweisungen.

Trainieren

1 Ermittle durch Addieren beider Gleichungen jeweils eine Gleichung mit nur einer Variablen.
Hinweis: Unterstreiche jeweils zuerst den Term mit der Variablen, die wegfallen soll.

a) I $y + \underline{x} = 17$
II $2y - \underline{x} = 5$
I + II $y + 2y = 17 + 5$
$(3y = 21)$

b) I $\underline{-2y} = 4 - x$
II $\underline{2y} + 5 = -x$
I + II $5 = 4 - x - x$
$(5 = 4 - 2x)$

c) I $30x = \underline{-5y} - 40$
II $5 + \underline{5y} = 20x$
I + II $30x + 20x = -40 + 5$
$(50x = -35)$

2 Forme jeweils die obere Gleichung so um, dass beim Addieren eine der Variablen wegfällt.
Hinweis: Unterstreiche jeweils zuerst den Term mit der Variablen, die wegfallen soll.

a) I $y + x = 5$ $|\cdot(-2)$
II $6 + \underline{2x} = 4y$
I′ $-2y - 2x = -10$
II $6 + 2x = 4y$
I′ + II $-2y + 6 = -10 + 4y$

b) I $\underline{y} = 14 - 7x$ $|\cdot(-1)$
II $\underline{y} + 2 = x - 1$
I′ $-y = -14 + 7x$
II $y + 2 = x - 1$
I′ + II $2 = -14 + 7x + x - 1$
$(2 = 8x - 15)$

c) I $\underline{2x} = 12y - 13$ $|\cdot 2$
II $6 - \underline{4x} = 5y - 3$
I′ $4x = 24y - 26$
II $6 - 4x = 5y - 3$
I′ + II $6 = 24y - 26 + 5y - 3$
$(6 = 29y - 29)$

3 Stelle die Gleichungen zur Berechnung des Werts der ersten Variablen auf. Berechne sie damit.
Zusatzaufgabe: Überprüfe deine Gleichungen, indem du die Lösungen ermittelst.

a) I $2a + 7b = -68$
II $a - 5b = 51$
z. B.
I′ $2a + 7b = -68$
II′ $-2a + 10b = -102$
$17b = -170$
$b = -10$

b) I $9c - 10{,}8 = 3d$
II $-18c + 2d = -9{,}6$
I′ $18c - 6d = 21{,}6$
II′ $-18c + 2d = -9{,}6$
$-4d = 12$
$d = -3$

c) I $6c + 25{,}5 = 3d$
II $4d = 40{,}5 - 18c$
I′ $9d = 76{,}5 + 18c$
II′ $4d = 40{,}5 - 18c$
$13d = 117$
$d = 9$

Lösung: (1|−10) a) | Lösung: (1|9) | Lösung: (0,25|9) c) | Lösung: (0,2|−3) b)

4 Löse die Gleichungssysteme mithilfe des Additionsverfahrens.

a) I $y = 3x - 8$
II $-2y = -3x + 7$
$y - 2y = 3x - 8 - 3x + 7$
$-y = -1$ $|:(-1)$
$y = 1$
$1 = 3 \cdot x - 8$ $|+8$
$9 = 3x$ $|:3$
$3 = x$
Lösung: $(3|1)$

b) I $5x + 3y = 19$
II $2x - 3y = -5$
$5x + 3y + 2x - 3y = 14$
$7x = 14$ $|:7$
$x = 2$
$5 \cdot 2 + 3y = 19$ $|-10$
$3y = 9$ $|:3$
$y = 3$
Lösung: $(2|3)$

c) I $-2x - 10y = 0$
II $y + 2x = 9$
$-2x - 10y + y + 2x = 0 + 9$
$-9y = 9$ $|:(-9)$
$y = -1$
$-1 + 2x = 9$ $|+1$
$2x = 10$ $|:2$
$x = 5$
Lösung: $(5|-1)$

Anwenden und Vernetzen

5 Tom kaufte zwei gleiche Sport-Shirts und drei gleiche Paar Socken für insgesamt 75,50 €. Da ein Sport-Shirt einen Materialfehler hat, gibt er es am nächsten Tag zurück. Er nimmt bei dieser Gelegenheit noch ein Paar der gleichen Socken und erhält an der Kasse 29,00 €.
Tom hat letztendlich ein neues Shirt und vier Paar Socken. Gib den Preis eines Sport-Shirts und den Preis von einem Paar Socken an.

z. B.
I $2x + 3y = 75{,}5$ (x steht für den Preis der Sport-Shirts in Euro und y für den der Socken.)
II $x + 4y = 75{,}5 - 29$

I $2x + 3y = 75{,}5$
II $-2x - 8y = -93$

$-5y = -17{,}5$
$y = 3{,}5$

$x + 4 \cdot 3{,}5 = 75{,}5 - 29$
$x + 14 = 46{,}5$ $|-14$
$x = 32{,}5$

Das Sport-Shirt kostet 32,50 € und jedes Paar Socken 3,50 €.

6 Löse die Zahlenrätsel mit einem Verfahren deiner Wahl.

a) Welche beiden Zahlen haben die Summe 16 und die Differenz 2?

9 und 7 sind die gesuchten Zahlen.

b) Das Doppelte einer rationalen Zahl ist um 20 größer als die Hälfte einer zweiten.
Die erste Zahl ist um 11 kleiner als die zweite.
Welche Zahlen sind es?

17 und 28 sind die gesuchten Zahlen.

a) I $a + b = 16$
II $a - b = 2$
$2a = 18$ $|:2$
$a = 9$
$9 + b = 16$ $|-9$
$b = 7$

b) I $2a = 0{,}5b + 20$
II $a = b - 11$
$2 \cdot (b - 11) = 0{,}5b + 20$
$2b - 22 = 0{,}5b + 20$ $|-0{,}5b + 22$
$1{,}5b = 42$ $|:1{,}5$
$b = 28$
$a = 28 - 11 = 17$

Maßstab und Streckungsfaktor

▶ Grundwissen

- Der Maßstab gibt das Verhältnis der Länge einer Strecke im Bild zur entsprechenden Länge der Strecke im Original an.
- Der Streckungsfaktor k gibt an, mit welcher positiven Zahl die Länge der Strecke im Original zu multiplizieren ist, um die Länge der entsprechenden Strecke im Bild zu erhalten.

Beispiel: Im rechten Bild ist der Maikäfer 1 cm lang.
Im linken Original ist der Maikäfer 2 cm lang.

Der Maßstab ist 1:2. $k = 1 : 2 = \frac{1}{2}$ $\frac{1}{2} \cdot 2\,\text{cm} = 1\,\text{cm}$

▶ Auftrag: Ergänze den Maßstab des rechten Bildes vom Maikäfer.

Trainieren

1 Es ist jeweils links das Original und rechts das Bild zu sehen.
Gib jeweils zuerst an, ob es sich um eine Vergrößerung oder Verkleinerung handelt.
Ermittle danach den Maßstab.

Vergrößerung	Verkleinerung	Verkleinerung	Vergrößerung
Der Maßstab ist 3:1.	Der Maßstab ist 1:3.	Der Maßstab ist 1:2.	Der Maßstab ist 2:1.

2 Ergänze die Tabelle.

Maßstab	2:1	6:1	4:1	1:2	1:10	1:20
Streckungsfaktor k	2	6	4	$\frac{1}{2} = 0{,}5$	$\frac{1}{10} = 0{,}1$	$\frac{1}{20} = 0{,}05$
Länge im Bild	8 cm	42 cm	100 mm	0,5 cm	3 m	0,2 cm
Länge im Original	4 cm	7 cm	25 mm	1 cm	0,3 m	4 cm

3 Ergänze die Tabellen und die Tabellenüberschriften.

a) Maßstäbliche Verkleinerungen

Maßstab	1 : 25	1 : 300	1 : 5	1 : 150
Länge im Bild	2 mm	3 cm	5 mm	2 dm
Länge im Original	50 mm	900 cm	2,5 cm	300 dm

b) Maßstäbliche Vergrößerungen

Maßstab	5 : 1	10 : 1	20 : 1	40 : 1
Länge im Bild	2 mm	3 cm	500 m	112 dm
Länge im Original	0,4 mm	0,3 cm	25 m	2,8 dm

4 Gib die zugehörigen Maßstäbe und Streckungsfaktoren an. Ermittle, wie lang eine 2 km lange Originalstrecke auf einer Karte wäre.

a) 

$k =$ 0,000 04

Maßstab: 1 : 25 000

2 km entsprechen 8 cm auf der Karte.

b) 

$k =$ 0,000 01

Maßstab: 1 : 100 000

2 km entsprechen 2 cm auf der Karte.

c) 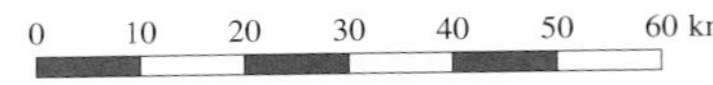

$k =$ 0,000 001

Maßstab: 1 : 1 000 000

2 km entsprechen 0,2 cm auf der Karte.

d) 

$k =$ 0,000 004

Maßstab: 1 : 250 000

2 km entsprechen 0,8 cm auf der Karte.

Anwenden und Vernetzen

5 Der Airbus A380 ist der Rekordhalter im Passagiertransport und das zweitgrößte Flugzeug der Welt.
Die Antonow AN-225 ist 11 Meter länger und auch bei der Flügelspannweite übertrifft sie den Airbus um acht Meter.

Daten zum Airbus A380

Länge:	72,30 m
Flügelspannweite:	79,80 m
Höhe:	24,10 m
Maximale Passagierkapazität:	853

a) Das Foto zeigt ein Modell des Airbus A380 mit rund 30 cm Flügelspannweite.
Jeweils eine der Angaben ist richtig. Kreuze diese an.

Maßstab des Modells: ☐ 1 : 25 ☒ 1 : 250 ☐ 1 : 2500 ☐ 25 : 1 ☐ 250 : 1 ☐ 2500 : 1

Höhe des Modells: ☐ ca. 0,1 km ☐ ca. 0,1 cm ☐ ca. 0,1 dm ☐ ca 1 m ☒ ca. 10 cm ☐ ca. 1000 mm

b) Stell dir vor, ein Original Airbus A380 und eine Antonow AN-225 sollen mit möglichst geringem Rechenaufwand groß und von oben gesehen auf jeweils ein DIN-A4-Blatt gezeichnet werden.
Welcher Maßstab ist dafür geeignet?
Wie lang und breit werden die entsprechenden Bilder der Flugzeuge etwa?

z. B.
Maßstab: 1 : 400

Airbus A380: Länge des Bildes: etwa 18 cm (18,075 cm) Breite des Bildes: etwa 20 cm (19,95 cm)

AntonowAN-225: Länge des Bildes: etwa 21 cm (20,825 cm) Breite des Bildes: etwa 22 cm (21,95 cm)

3 Euer Unterrichtsraum soll umgestaltet werden. Dazu muss ein maßstabsgetreuer Grundriss auf einem DIN-A4-Blatt angefertigt werden. Welchen Maßstab würdest du empfehlen?
Hinweis: Vergleicht die Vorschläge untereinander.

individuelle Lösung (z. B.: 1 : 50)

Zentrische Streckung

▶ Grundwissen

- Eine zentrische Streckung wird angegeben durch den Streckungsfaktor k und das Streckungszentrum Z.
- Mithilfe zentrischer Streckungen können Figuren maßstäblich vergrößert ($k > 1$) und verkleinert ($0 < k < 1$) werden.

Beispiele: Vergrößerung mit $k = 2$ Verkleinerung mit $k = \frac{1}{2}$

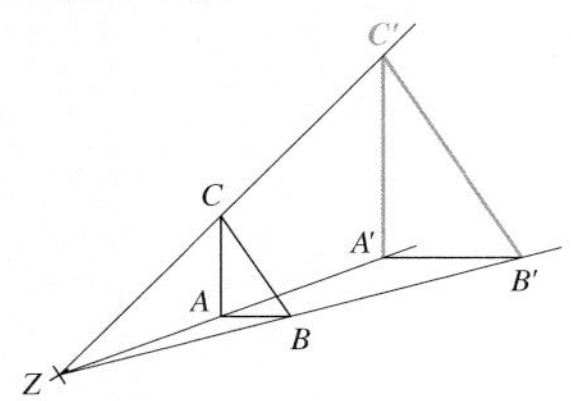

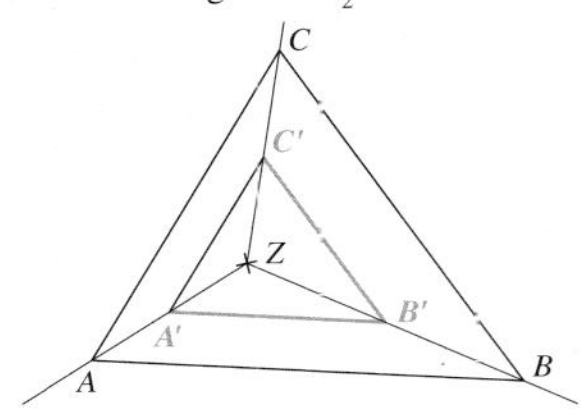

▶ Auftrag: Ergänze die Beispiele.

Trainieren

1

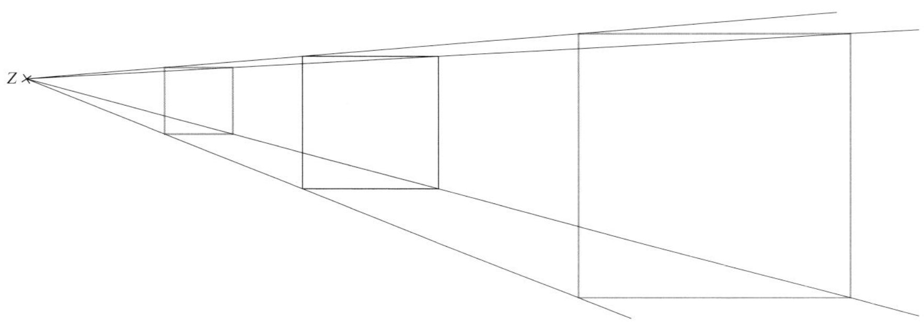

a) Der Punkt Z ist das Streckungszentrum. Vergrößere das gelbe Quadrat mit $k = 2$.

b) Der Punkt Z ist das Streckungszentrum. Verkleinere das gelbe Quadrat mit $k = \frac{1}{2}$.

2

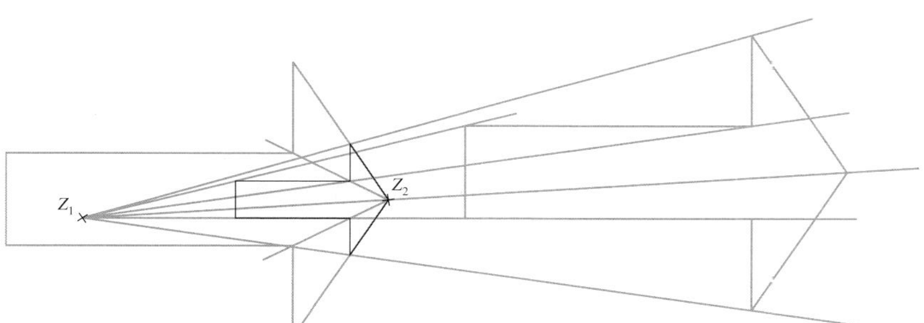

a) Der Punkt Z_1 ist das Streckungszentrum. Vergrößere den gelben Pfeil mit $k = 2{,}5$.

b) Der Punkt Z_2 ist das Streckungszentrum. Vergrößere den gelben Pfeil mit $k = 2{,}5$.

3 Ergänze die Tabelle.

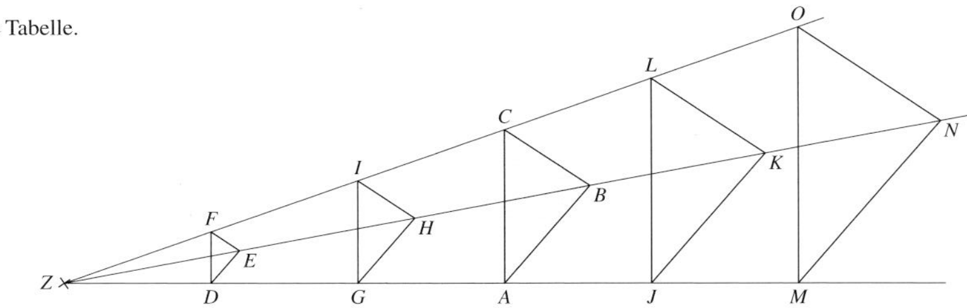

Original	Dreieck ABC	Dreieck ABC	Dreieck ABC	Dreieck ABC	Dreieck GHI	Dreieck DEF
Bild	Dreieck GHI	Dreieck DEF	Dreieck JKL	Dreieck MNO	Dreieck DEF	Dreieck MNO
Streckungsfaktor	$\frac{2}{3}$	$\frac{1}{3}$	$1\frac{1}{3}$	$1\frac{2}{3}$	$\frac{1}{2}$	$\frac{1}{5}$

4 Die Figuren entstanden durch zentrische Streckungen.
Ermittle die Streckungszentren und gib in der Tabelle alle Möglichkeiten an.

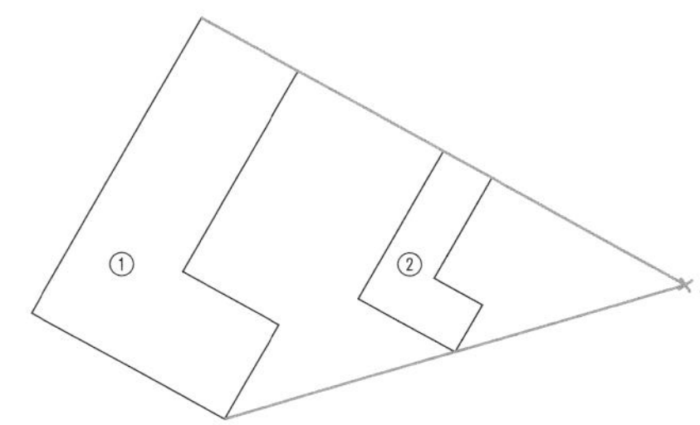

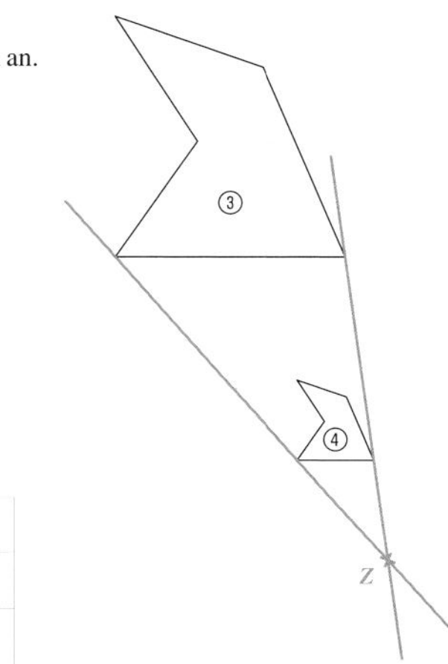

Original	①	②	③	④
Bild	②	①	④	③
Streckungsfaktor	$\frac{1}{2}$	2	$\frac{1}{3}$	3

Anwenden und Vernetzen

5 Marie soll im Praktikum die Vorlagen für die Raumgestaltung kopieren. Ergänze die bei den Vergrößerungen oder Verkleinerungen am Kopierer einzugebenden Prozentsätze.
Hinweis: Jede Arbeitsheftdoppelseite hat DIN-A3-Format.
Jede einzelne Arbeitsheftseite hat DIN-A4-Format.

auf \ von	DIN-A2-Format	DIN-A3-Format	DIN-A4-Format	DIN-A5-Format
DIN-A2-Format	100 %	141 %	200 %	283 %
DIN-A3-Format	71 %	100 %	141 %	200 %
DIN-A4-Format	50 %	71 %	100 %	141 %
DIN-A5-Format	35 %	50 %	71 %	100 %

Ähnlichkeit im geometrischen Sinn

▶ Grundwissen

- Entsteht eine Figur durch maßstäbliches Vergrößern oder Verkleinern einer anderen Figur, so sind beide Figuren zueinander ähnlich. ☒
- Wenn alle einander entsprechenden Strecken im gleichen Maßstab vergrößert oder verkleinert sind und alle einander entsprechenden Winkel gleich groß sind, sind zwei Figuren zueinander ähnlich. ☒
- Zwei Dreiecke sind zueinander ähnlich, wenn sie in der Größe von zwei Winkeln übereinstimmen. ☒

Beispiele: zueinander ähnliche Dreiecke — zueinander ähnliche Figuren

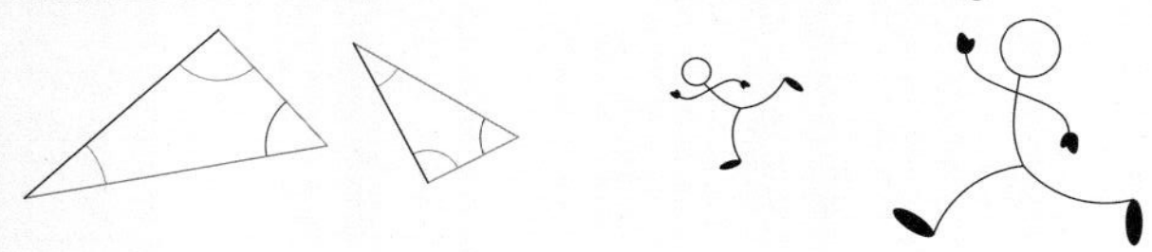

▶ Auftrag: Kreuze wahre Aussagen an.

Trainieren

1 Kreuze die fünf im geometrischen Sinn zueinander ähnlichen Schmetterlinge an.
Zusatzaufgabe: Begründe, warum die anderen nicht zueinander ähnlich sind. **individuelle Lösung**

2 Markiere in den zueinander ähnlichen Dreiecken alle einander entsprechenden Winkel und Seiten.

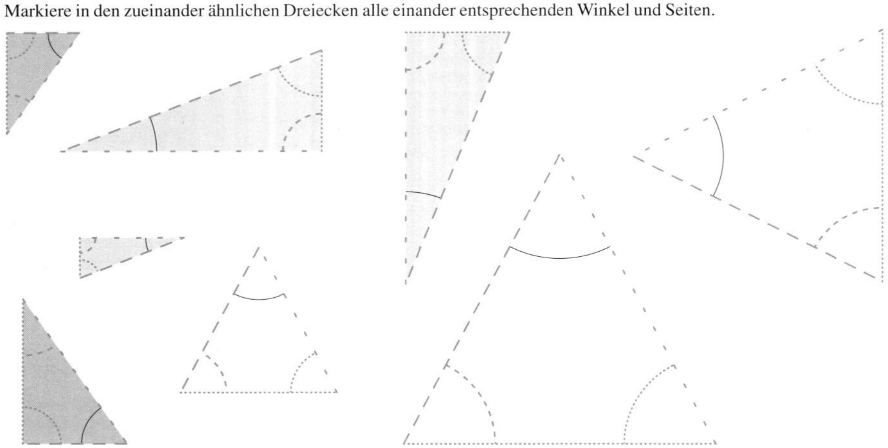

3

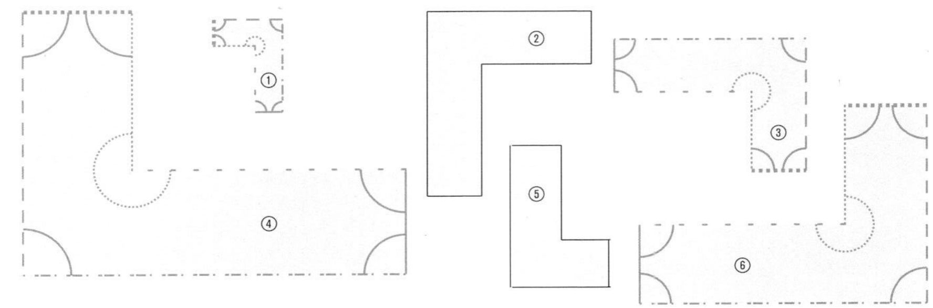

a) Betrachte nur die zueinander ähnlichen Figuren. Ordne die Längen einander entsprechender Seiten in der Tabelle zu.

Figur ④	5 cm	2 cm	3 cm	5 cm	2 cm	7 cm
Figur ③	2,5 cm	1 cm	1,5 cm	2,5 cm	1 cm	3,5 cm
Figur ①	1,25 cm	0,5 cm	0,75 cm	1,25 cm	0,5 cm	1,75 cm
Figur ⑥	3,75 cm	1,5 cm	2,25 cm	3,75 cm	1,25 cm	5,25 cm

b) Ergänze die Sätze.

Vergrößerungen der Figur ③ sind ④ und ⑥ . 1 : 2 ist das Seitenverhältnis von ③ und ④ sowie von ① und ⑥ .

Anwenden und Vernetzen

4 Gesucht wird ein Punkt R, sodass das Dreieck ABC ähnlich zu dem mit den Eckpunkten P, Q und R ist.

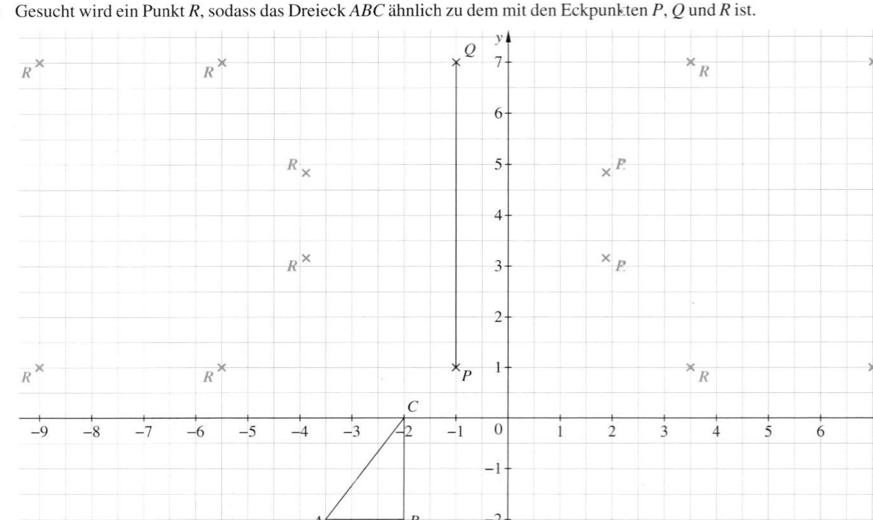

a) Trage möglichst viele infrage kommende Punkte in das Koordinatensystem ein. **12 Punkte kommen infrage.**

b) In welchen Maßstäben ist das Dreieck ABC vergrößert worden? **4 : 1; 3 : 1; 2,4 : 1**

Strahlensatz – Teil 1

▶ Grundwissen

Werden zwei sich schneidende Geraden von zwei Parallelen geschnitten, so sind die Längenverhältnisse entsprechender Abschnitte auf den sich schneidenden Geraden gleich.

Beispiele:

$\frac{|ZA'|}{|ZA|} = \frac{|ZB'|}{|ZB|}$

$\frac{|AA'|}{|ZA|} = \frac{|BB'|}{|ZB|}$

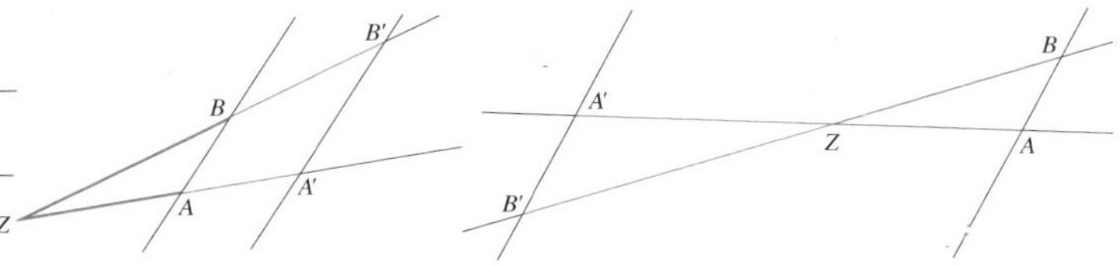

▶ Auftrag: Ergänze die Formeln.

Trainieren

1 Zwei sich schneidende Geraden werden von zwei Parallelen geschnitten.

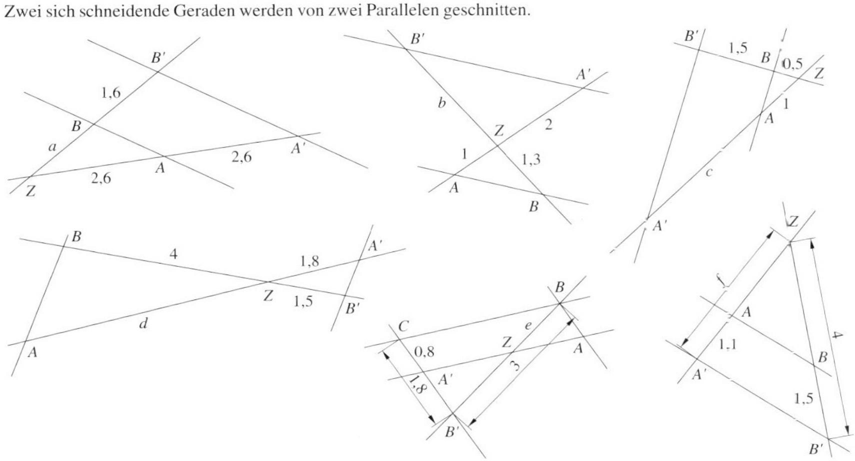

a) Markiere zuerst zueinander gehörende Geradenabschnitte mit der gleichen Farbe.
Berechne danach die gesuchten Streckenlängen.
Hinweis: Die vorgegebenen Zeichnungen sind nicht maßstäblich.

z. B.

$\frac{a}{2,6} = \frac{1,6}{2,6}$ | $\cdot 2,6$
$a = 1,6$

$\frac{b}{1,3} = \frac{2}{1}$ | $\cdot 1,3$
$b = 2,6$

$\frac{c}{1,5} = \frac{1}{0,5}$ | $\cdot 1,5$
$c = 3$

$\frac{d}{1,8} = \frac{4}{1,5}$ | $\cdot 1,8$
$d = 4,8$

$\frac{e}{0,8} = \frac{3}{1,8}$ | $\cdot 0,8$
$e = 1,3$

$\frac{f}{1,1} = \frac{4}{1,5}$ | $\cdot 1,1$
$f = 2,93$

b) Wie viele zueinander ähnliche Dreiecke enthält jede der Figuren? 2 Dreiecke

2 Zwei sich schneidende Geraden werden von vier Parallelen geschnitten.

a) Berechne die gesuchten Seitenlängen.

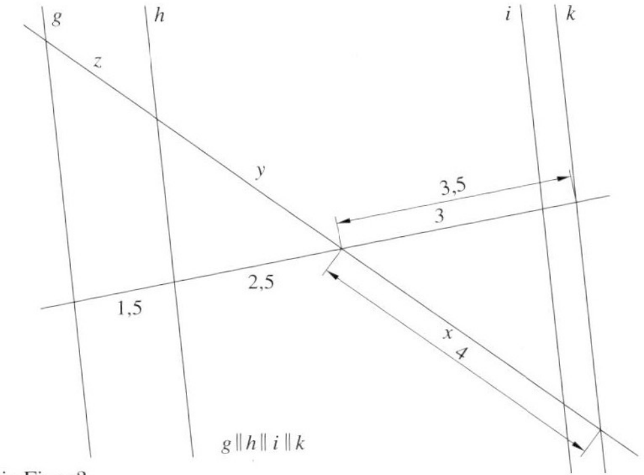

z. B.

$\frac{x}{4} = \frac{3}{3,5}$ | $\cdot 4$
$x = \frac{12}{3,5} \approx 3,43$

$\frac{y}{2,5} = \frac{4}{3,5}$ | $\cdot 2,5$
$y = \frac{10}{3,5} \approx 2,86$

$\frac{z}{1,5} = \frac{2,86}{2,5}$ | $\cdot 1,5$
$z \approx 1,72$

b) Wie viele zueinander ähnliche Dreiecke enthält die Figur?

4 Dreiecke

Anwenden und Vernetzen

3 Carolina sagt: „Die Höhe der Laterne lässt sich bei Sonnenschein relativ einfach ermitteln.
Dazu wird direkt neben die Laterne ein gerader Stab gesteckt. Mithilfe der Schattenlängen und der Stablänge kann die Höhe der Laterne berechnet werden.
Der Schatten einer Laterne ist rund 8,9 m lang.
Der Schatten einer daneben stehenden 1 m langen Wasserwaage ist rund 2,2 m lang. "

a) Veranschauliche die Situation mithilfe einer Skizze.

individuelle Zeichnung

b) Berechne die Höhe der Laterne.

$\frac{x}{8,9} = \frac{1}{2,2}$ | $\cdot 8,9$

$x \approx 4$ Die Laterne ist ca. 4 m hoch.

c) Schätze, in welchem Winkel die Sonnenstrahlen auf die Erde treffen.
Zusatzaufgabe: In welcher Jahreszeit könnte diese Situation gegen 12:00 Uhr in Deutschland eintreten?

Die Sonnenstrahlen treffen in einem Winkel zwischen 20° und 30° auf die Erdoberfläche.

Im Winter kann diese Situation eintreten.

Strahlensatz – Teil 2

▶ Grundwissen

Werden zwei sich schneidende Geraden von zwei Parallelen geschnitten, so ist das Längenverhältnis der Parallelenabschnitte genauso groß wie das Längenverhältnis der Strecken von Z bis zu den Schnittpunkten mit den Parallelen.

Beispiele:

$\frac{|\overline{A'B'}|}{|\overline{ZA'}|} = \frac{|\overline{AB}|}{|\overline{ZA}|}$

$\frac{|\overline{A'B'}|}{|\overline{ZB'}|} = \frac{|\overline{AB}|}{|\overline{ZB}|}$

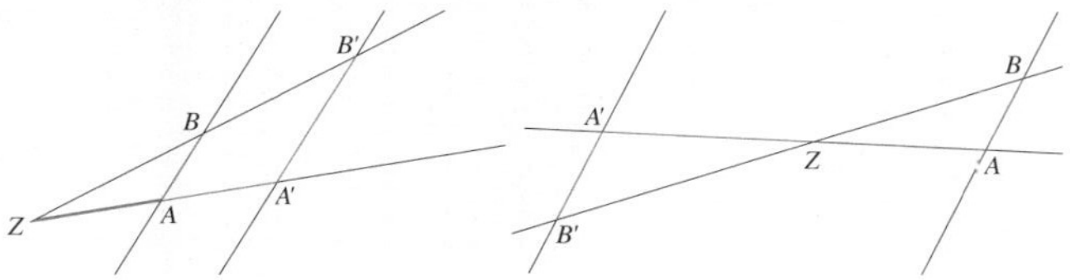

▶ Auftrag: Ergänze die Formeln.

Trainieren

1 Zwei sich schneidende Geraden werden von zwei Parallelen geschnitten.

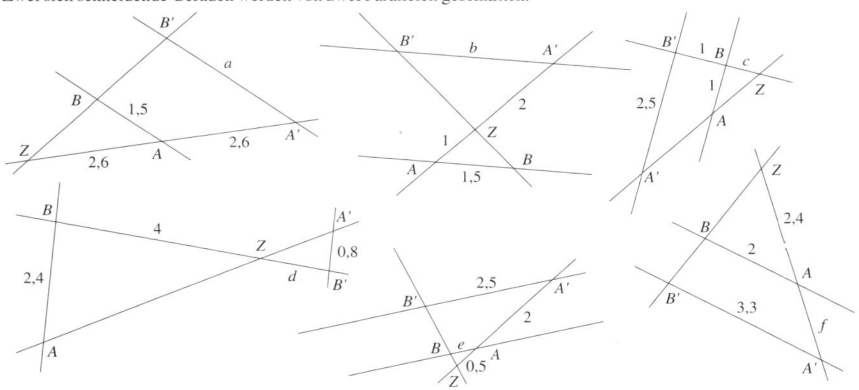

a) Markiere zuerst zueinander gehörende Geradenabschnitte mit der gleichen Farbe. Berechne danach die gesuchten Streckenlängen.
Hinweis: Die vorgegebenen Zeichnungen sind nicht maßstäblich.

z. B.

$\frac{a}{1,5} = \frac{5,2}{2,6}$	$\mid \cdot 1,5$	$\frac{b}{1,5} = \frac{2}{1}$	$\mid \cdot 1,5$	$\frac{c+1}{c} = \frac{2,5}{1}$	$\mid \cdot c$
$a = 3$		$b = 3$		$c + 1 = 2,5c$	$\mid -c$
				$1 = 1,5c$	$\mid : 1,5$
				$c \approx 0,67$	
$\frac{d}{4} = \frac{0,8}{2,4}$	$\mid \cdot 4$	$\frac{e}{2,5} = \frac{0,5}{2,5}$	$\mid \cdot 2,5$	$\frac{f+2,4}{2,4} = \frac{3,3}{2}$	$\mid \cdot 2,4$
$d \approx 1,33$		$e = 0,5$		$f + 2,4 = 3,96$	$\mid -2,4$
				$f = 1,56$	

b) Gib die Streckungsfaktoren der Dreiecke in den ersten drei Zeichnungen an.

links und Mitte: $k = 2$ bzw. $k = \frac{1}{2}$; rechts: $k = 2,5$ bzw. $k = 0,4$

2 Zueinander parallele und nicht zueinander parallele Strecken

a) Untersuche, welche Strecken zueinander parallel sind, und berechne mit dem Strahlensatz möglichst viele Streckenlängen.
Hinweis: Es sollen dafür keine Strecken gemessen werden.

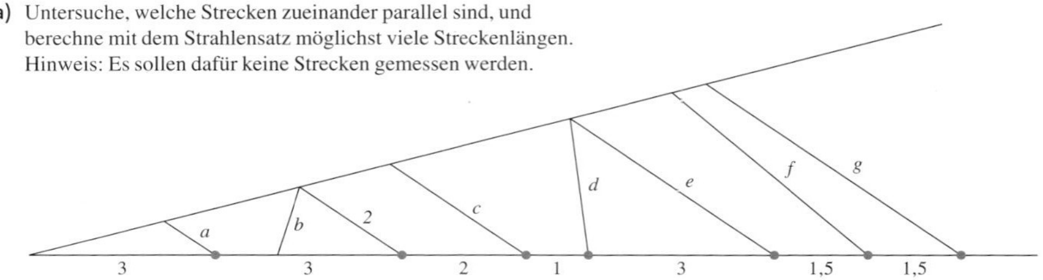

$\frac{a}{3} = \frac{2}{6}$	$\mid \cdot 3$	$\frac{c}{8} = \frac{2}{6}$	$\mid \cdot 8$	$\frac{e}{12} = \frac{2}{6}$	$\mid \cdot 12$	$\frac{g}{15} = \frac{2}{6}$	$\mid \cdot 15$
$a = 1$		$c = 2\frac{2}{3}$		$e = 4$		$g = 5$	
		$c \approx 2,67$					

Die Längen von b, d und f sind nicht zu ermitteln.

b) Wie viele zueinander ähnliche Dreiecke enthält die Figur? 5 Dreiecke

Anwenden und Vernetzen

3 Gesa und Aron möchten aus 30 cm breiten, 2 cm dicken und 2,40 m langen Brettern das skizzierte symmetrische Regal bauen. An den langen Brettern am linken und rechten Rand sollen alle 40 cm Bretter befestigt werden. Insgesamt werden es vier Regalböden sein. Der kürzeste soll 34 cm lang sein.

a) Wie viele Bretter werden benötigt? Wie ist zuzuschneiden, damit ein möglichst langes Brett übrig bleibt?

z. B.

Regalböden:	$\frac{x}{34} = \frac{80}{40}$	$\mid \cdot 34$	$\frac{y}{34} = \frac{120}{40}$	$\mid \cdot 34$	$\frac{z}{34} = \frac{160}{40}$	$\mid \cdot 34$
	$x = 68$		$y = 102$		$z = 136$	

Holz insgesamt: $2 \cdot 5 \cdot 40 + 34 + 68 + 102 + 136 = 740$ $2,40\,m \cdot 3 = 7,20\,m$ Vier Bretter werden benötigt.

Zuschnitt von Brett 1:	1,36 m + 1,02 m = 2,38 m
Zuschnitt von Brett 2:	2,00 m + 0,34 m = 2,34 m
Zuschnitt von Brett 3:	2,00 m
Zuschnitt von Brett 4:	0,68 m

Ein 1,72 m langes Brett bleibt übrig.

b) Schätze, wie breit und wie hoch das fertige Regal sein wird.

Das Regal wird etwa 1,70 m breit und 1,80 m hoch sein.

c) Eine Farbdose ist nicht mehr voll. Ein Drittel fehlt. Auf ihr steht, dass der gesamte Inhalt für 8 m² reicht. Können mit dem Farbrest die zugeschnittenen Bretter vollständig gestrichen werden?

$7,40\,m \cdot 0,30\,m \cdot 2 + 7,40\,m \cdot 0,02\,m \cdot 2 + 0,30\,m \cdot 0,02\,m \cdot 12 \approx 4,81\,m^2$ $8\,m^2 \cdot \frac{2}{3} \approx 5,33\,m^2 > 4,81\,m^2$

Die zugeschnittenen Bretter können mit dem Farbrest vollständig gestrichen werden.

Quadratzahlen und Quadratwurzeln

▶ Grundwissen

- Die Quadratwurzel von a ist diejenige nichtnegative Zahl, die mit sich selbst multipliziert a ergibt.
- Bei nichtnegativen Zahlen ist das Wurzelziehen die Umkehrung des Quadrierens und das Quadrieren die Umkehrung des Wurzelziehens.

Beispiele: $\sqrt{4} = $ 2 , denn $2^2 = 4$ individuelle Lösung

▶ Auftrag: Ergänze das Beispiel und gib ein weiteres Beispiel an.

Trainieren

1 Ergänze in einer Minute möglichst viele Quadratzahlen von 1 bis 20.

x	1	2	3	4	5	6	7	8	9	10
x^2	1	4	9	16	25	36	49	64	81	100

x	11	12	13	14	15	16	17	18	19	20
x^2	121	144	169	196	225	256	289	324	361	400

2 Berechne die Quadratzahlen, ohne den Taschenrechner zu nutzen.
Hinweis: Nutze die Ergebnisse aus den Tabellen bei Aufgabe 1.

a) $10^2 = 100$, $1^2 = 1$, $0{,}1^2 = 0{,}01$, $0{,}01^2 = 0{,}0001$
b) $30^2 = 900$, $3^2 = 9$, $0{,}3^2 = 0{,}09$, $0{,}03^2 = 0{,}0009$
c) $70^2 = 4900$, $7^2 = 49$, $0{,}7^2 = 0{,}49$, $0{,}07^2 = 0{,}0049$
d) $130^2 = 16900$, $13^2 = 169$, $1{,}3^2 = 1{,}69$, $0{,}13^2 = 0{,}0169$

3 Berechne die Quadratwurzeln, ohne den Taschenrechner zu nutzen.
Hinweis: Nutze die Ergebnisse aus den Tabellen bei Aufgabe 1.

a) $\sqrt{400} = 20$, $\sqrt{4} = 2$, $\sqrt{0{,}04} = 0{,}2$, $\sqrt{0{,}0004} = 0{,}02$
b) $\sqrt{8100} = 90$, $\sqrt{81} = 9$, $\sqrt{0{,}81} = 0{,}9$, $\sqrt{0{,}0081} = 0{,}09$
c) $\sqrt{32400} = 180$, $\sqrt{324} = 18$, $\sqrt{3{,}24} = 1{,}8$, $\sqrt{0{,}0324} = 0{,}18$
d) $\sqrt{12100} = 110$, $\sqrt{256} = 16$, $\sqrt{1{,}44} = 1{,}2$, $\sqrt{0{,}0225} = 0{,}15$

4 Ermittle die Ergebnisse im Kopf.
Hinweis: Nutze die Ergebnisse aus den Tabellen bei Aufgabe 1.

a) $0{,}07^2 = 0{,}0049$ b) $90^2 = 8100$ c) $1{,}9^2 = 3{,}61$
d) $\sqrt{0{,}25} = 0{,}5$ e) $\sqrt{0{,}0064} = 0{,}08$ f) $\sqrt{10000} = 100$
g) $\sqrt{100} + 1^2 = 11$ h) $\sqrt{81} + 9^2 = 90$ i) $\sqrt{0{,}49} + 11^2 = 121{,}7$
j) $\sqrt{4} + 1^2 = 3$ k) $\sqrt{1{,}21} + 3^2 = 10{,}1$ l) $\sqrt{0{,}0144} + 6^2 = 36{,}12$

Ergebnisse zum Abstreichen:

0,0049	0,08
0,5	3
3,61	10,1
11	36,12
90	100
121,7	8100

5 Seitenlängen und Flächeninhalte von Quadraten

a) Ergänze zuerst die Seitenlänge bzw. den Flächeninhalt. Zeichne danach beide Quadrate.

Quadrat ①: Seitenlänge: 40 mm
Flächeninhalt: $1600\,mm^2$ ($= 16\,cm^2$)

Quadrat ②: Seitenlänge: 30 mm ($= 3$ cm)
Flächeninhalt: $900\,mm^2$

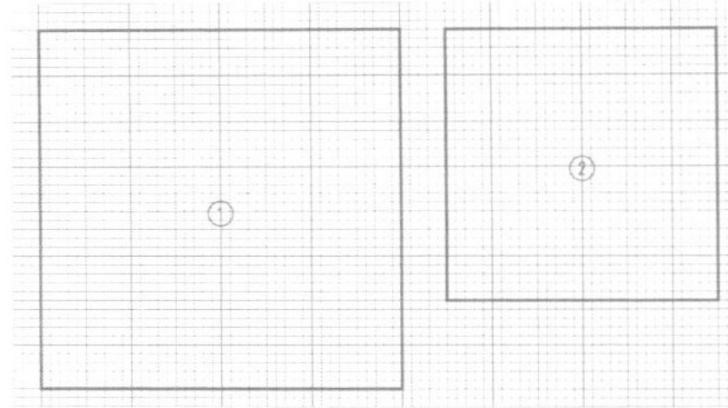

b) Es sind Seitenlängen und Flächeninhalte von unterschiedlich großen Quadraten gegeben. Entscheide ohne Taschenrechner, welche vier Paare zusammengehören. Zeichne Linien ein.

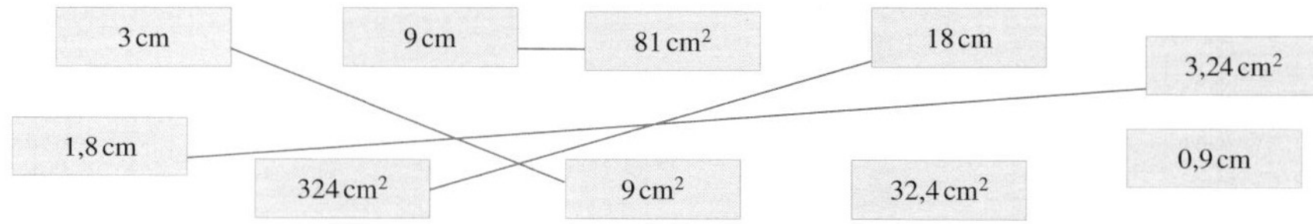

Anwenden und Vernetzen

6 Je größer die Dämmerungszahl ist, desto besser ist die Auflösung in der Dämmerung.

Die Dammerungszahl D ist definiert als: $D = \sqrt{V \cdot O}$, wobei V für die Vergrößerung und O für den Objektivdurchmesser stehen.

Berechne die Dämmerungszahl jedes Modells.
Welche beiden Gläser sind demnach für die Dämmerung besonders zu empfehlen?

Modell	A	B	C	D	E	F
…-fache Vergrößerung	8	20	12	8	10	25
Objektivdurchmesser in mm	30	50	40	40	25	30
Dämmerungszahl	15,49	31,62	21,91	17,89	15,81	27,39

Die Modelle B und F sind für Dämmerung besonders zu empfehlen.

7 Differenzen von Quadratzahlen

a) Schreibe die Differenz der jeweils aufeinander folgenden Quadratzahlen von 1 bis 10 auf. Was fällt dir auf?

3; 5; 7; 9; 11; 13; 15; 17; 19

Es entsteht die Folge ungerader Zahlen von 3 bis 19.

b) Überprüfe deine Regel von Teilaufgabe **a** am Beispiel der Quadrate von 99; 100 und 101.

$99^2 = 9801$ $100^2 = 10000$ $101^2 = 10201$

$10000 - 9801 = 199$ $10201 - 10000 = 201$

Für dieses Beispiel gilt die bei Teilaufgabe a genannte Regel.

Intervallschachtelung und irrationale Zahlen

▶ Grundwissen

- Irrationale Zahlen sind nichtperiodische Dezimalzahlen mit unendlich vielen Nachkommastellen.
  Beispiel: $\sqrt{2} = 1{,}414\,213\,562\,373\,095\,048\,801\,688\,724\,209\,698\,078\,569\,671\,875\,376\,9\ldots$
- Alle irrationalen und rationalen Zahlen bilden zusammen die Menge der reellen Zahlen.
- Mithilfe der Intervallschachtelung kann man beliebig genaue Näherungswerte ermitteln.
  Beispiel: Ermitteln von Näherungswerten für $\sqrt{2}$

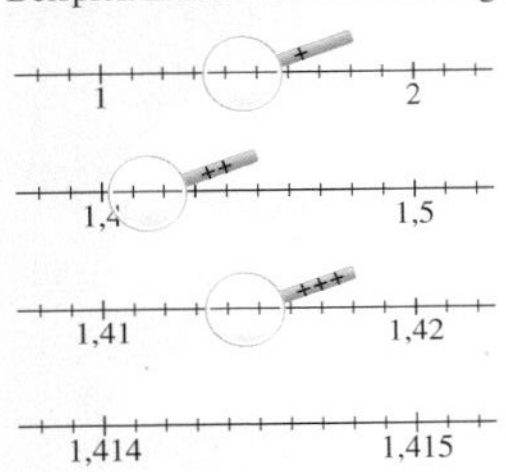

$1 < \sqrt{2} < 2$, denn $1^2 < 2 < 2^2$.

$1{,}4 < \sqrt{2} < 1{,}5$, denn $1{,}4^2 < 2 < 1{,}5^2$.

$1{,}41 < \sqrt{2} <$ 1,42, denn $1{,}41^2 < 2 < 1{,}42^2$.

$1{,}414 < \sqrt{2} <$ 1,415, denn $1{,}414^2 < 2 < 1{,}415^2$.

▶ Auftrag: Ergänze die Intervallschachtelung.

Trainieren

1 Kreuze alle passenden Zahlen an.

a) Zur Menge der irrationalen Zahlen gehören …

☐ -7 ☐ 7^2 ☒ $\sqrt{7}$ ☐ $1{,}\overline{7}$ ☐ $\sqrt{0{,}09}$ ☐ $\sqrt{9}$ ☒ $\sqrt{11}$ ☐ $1\frac{1}{66}$

b) Zur Menge der reellen Zahlen gehören …

☒ -7 ☒ 7^2 ☒ $\sqrt{7}$ ☒ $1{,}\overline{7}$ ☒ $\sqrt{0{,}09}$ ☒ $\sqrt{9}$ ☒ $\sqrt{11}$ ☒ $1\frac{1}{66}$

2 Zwischen welchen benachbarten natürlichen Zahlen liegt die Zahl?
Hinweis: Die Zahlen sind ohne Taschenrechner zu ermitteln.

a) 5 $< \sqrt{30} <$ 6
b) 6 $< \sqrt{40} <$ 7
c) 7 $< \sqrt{50} <$ 8
d) 7 $< \sqrt{61} <$ 8
e) 8 $< \sqrt{72} <$ 9
f) 8 $< \sqrt{83} <$ 9
g) 3 $< \sqrt{12{,}6} <$ 4
h) 8 $< \sqrt{78{,}6} <$ 9
i) 20 $< \sqrt{411{,}7} <$ 21
j) 2 $< \sqrt{5{,}71} <$ 3
k) 3 $< \sqrt{15{,}4} <$ 4
l) 10 $< \sqrt{110{,}8} <$ 11

3 x steht für eine natürliche Zahl.
Gib jeweils an, welche Zahlen die Bedingung erfüllen und wie viele es sind.

$10 < \sqrt{x} < 11$	100 $< x <$ 121	19 Zahlen erfüllen die Bedingungen.
$10{,}3 < \sqrt{x} < 10{,}7$	106,09 $< x <$ 114,49	8 Zahlen erfüllen die Bedingungen.
$10{,}4 < \sqrt{x} < 10{,}5$	108,16 $< x <$ 110,25	2 Zahlen erfüllen die Bedingungen.
$10{,}48 < \sqrt{x} < 10{,}49$	109,83 $< x <$ 110,04	Eine Zahl erfüllt die Bedingung.
$10{,}483 < \sqrt{x} < 10{,}487$	109,89 $< x <$ 109,97	Keine Zahl erfüllt die Bedingung.

4 Ermittle mithilfe der Intervallschachtelung Näherungswerte wie im „Grundwissen".
Hinweis: Probiere mit dem Taschenrechner. Nutze dabei nur die Taste zum Quadrieren.

a) 1 $< \sqrt{3} <$ 2
1,7 $< \sqrt{3} <$ 1,8
1,73 $< \sqrt{3} <$ 1,74

b) 4 $< \sqrt{17} <$ 5
4,1 $< \sqrt{17} <$ 4,2
4,12 $< \sqrt{17} <$ 4,13

c) 5 $< \sqrt{34} <$ 6
5,8 $< \sqrt{34} <$ 5,9
5,83 $< \sqrt{34} <$ 5,84

d) 9 $< \sqrt{82} <$ 10
9,0 $< \sqrt{82} <$ 9,1
9,05 $< \sqrt{82} <$ 9,06

e) 2 $< \sqrt{6{,}9} <$ 3
2,6 $< \sqrt{6{,}9} <$ 2,7
2,62 $< \sqrt{6{,}9} <$ 2,63

f) 0,6 $< \sqrt{0{,}4} <$ 0,7
0,63 $< \sqrt{0{,}4} <$ 0,64
0,62 $< \sqrt{0{,}4} <$ 0,633

Anwenden und Vernetzen

5 Schreibe die Zahlen in die passenden Bereiche.

$\frac{1}{10}$ $-0{,}2$ $-0{,}2\overline{6}$ $\sqrt{2}$ -5 10 -10 -1 Mio.
$-\sqrt{\frac{1}{100}}$ $0{,}2\overline{6}$ $\sqrt{0{,}04}$ $\sqrt{25}$ $\sqrt{5}$ $\sqrt{11}$ 1 Mio.

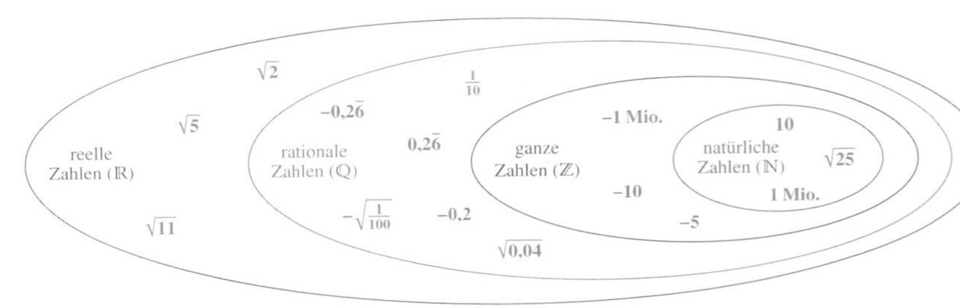

6 Ida und Adrian spielen Zahlenraten. Sieger ist, wer nach weniger Fragen die natürliche Zahl nennt.
Ähnlich wie bei der Matrjoschka werden die infrage kommenden Bereiche zum Ziel hin immer kleiner.

Adrian fragt: „Ist die aufgeschriebene Zahl größer als 50?"
Ida antwortet: „Nein." 0 $< x <$ 50

Adrian fragt: „Ist die aufgeschriebene Zahl größer als 25?"
Ida antwortet: „Ja." 25 $< x <$ 50

Adrian fragt: „Ist die aufgeschriebene Zahl kleiner als 37?"
Ida antwortet: „Ja." 25 $< x <$ 37

Adrian fragt: „Ist die aufgeschriebene Zahl größer als 31?"

a) Ergänze jeweils rechts das ermittelte Intervall (den Bereich), in dem die gesuchte Zahl x liegt.

b) Vervollständige geschickt die letzte Frage.

c) Die letzte Frage wird mit „Nein." beantwortet. Welche Zahlen kommen dann infrage? 26; 27; 28; 29; 30

d) Zusatzaufgabe: Spielt zu zweit vier Runden Zahlenraten.
Sieger ist, wer die Zahl mit den wenigsten Fragen ermittelt.

Der Satz des Pythagoras

▶ Grundwissen

In jedem rechtwinkligen Dreieck ist die Summe der Flächeninhalte der Quadrate über den Katheten genauso groß wie der Flächeninhalt des Quadrates über der Hypotenuse.

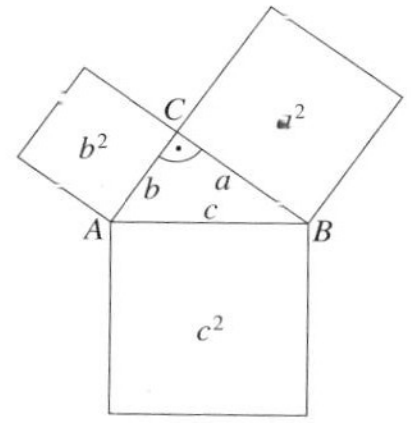

Formel: $a^2 + b^2 = c^2$ $\quad$ a und b sind Katheten. c ist die Hypotenuse.

Beispiel:

$a^2 + (1{,}2\,\text{cm})^2 = (2\,\text{cm})^2 \quad | -(1{,}2\,\text{cm})^2$
$a^2 = (2\,\text{cm})^2 - (1{,}2\,\text{cm})^2$
$a = \sqrt{2{,}56\,\text{cm}^2}$
$a = 1{,}6\,\text{cm}$

▶ Auftrag: Ergänze die Formel passend zur Zeichnung.

Trainieren

1 Gib jeweils zuerst die zum Satz des Pythagoras passende Gleichung an.
Berechne danach die fehlende Seitenlänge.
Hinweis: Markiere jeweils die Hypotenuse.

a)
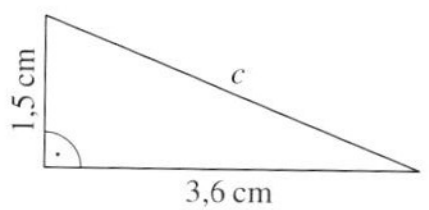

$c^2 = (1{,}5\,\text{cm})^2 + (3{,}6\,\text{cm})^2$
$c^2 = 15{,}21\,\text{cm}^2$
$c = 3{,}9\,\text{cm}$

b)
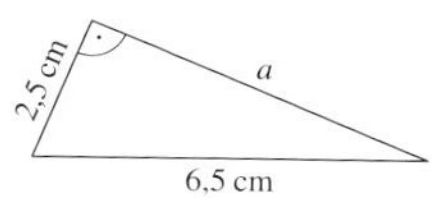

$(6{,}5\,\text{cm})^2 = a^2 + (2{,}5\,\text{cm})^2$
$(6{,}5\,\text{cm})^2 - (2{,}5\,\text{cm})^2 = a^2$
$36\,\text{cm}^2 = a^2$
$6\,\text{cm} = a$

c)
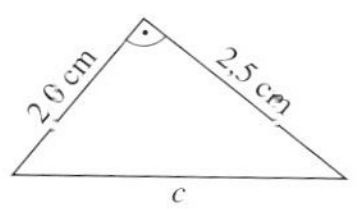

$c^2 = (2\,\text{cm})^2 + (2{,}5\,\text{cm})^2$
$c^2 = 10{,}25\,\text{cm}^2$
$c = \sqrt{10{,}25\,\text{cm}^2}$
$c \approx 3{,}20\,\text{cm}$

d)
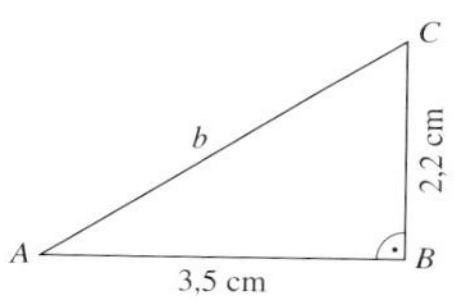

$b^2 = a^2 + c^2$
$b^2 = (2{,}2\,\text{cm})^2 + (3{,}5\,\text{cm})^2$
$b^2 = 17{,}09\,\text{cm}^2$
$b = \sqrt{17{,}09\,\text{cm}^2}$
$b \approx 4{,}13\,\text{cm}$

e)
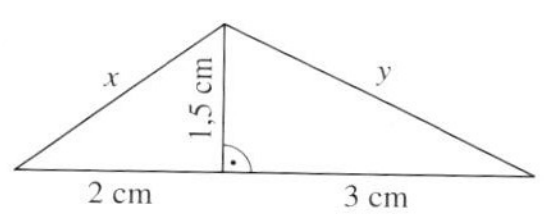

$x^2 = (2\,\text{cm})^2 + (1{,}5\,\text{cm})^2$
$x^2 = 6{,}25\,\text{cm}^2$
$x = \sqrt{6{,}25\,\text{cm}^2}$
$x = 2{,}5\,\text{cm}$

$y^2 = (3\,\text{cm})^2 + (1{,}5\,\text{cm})^2$
$y^2 = 11{,}25\,\text{cm}^2$
$y = \sqrt{11{,}25\,\text{cm}^2}$
$y \approx 3{,}35\,\text{cm}$

f)
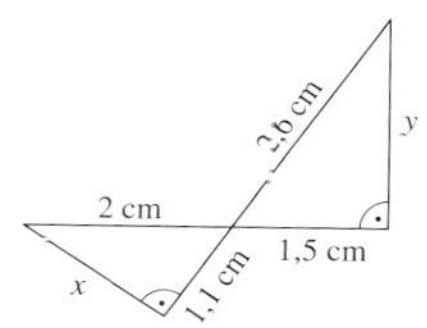

$(2\,\text{cm})^2 = x^2 + (1{,}1\,\text{cm})^2$
$x^2 = (2\,\text{cm})^2 - (1{,}1\,\text{cm})^2$
$x^2 = 2{,}79\,\text{cm}^2$
$x = \sqrt{2{,}79\,\text{cm}^2}$
$x \approx 1{,}67\,\text{cm}$

$(2{,}6\,\text{cm})^2 = y^2 + (1{,}5\,\text{cm})^2$
$y^2 = (2{,}6\,\text{cm})^2 - (1{,}5\,\text{cm})^2$
$y^2 = 4{,}51\,\text{cm}^2$
$y = \sqrt{4{,}51\,\text{cm}^2}$
$y \approx 2{,}12\,\text{cm}$

2 Kreuze alle richtig aufgestellten Gleichungen an.

a)
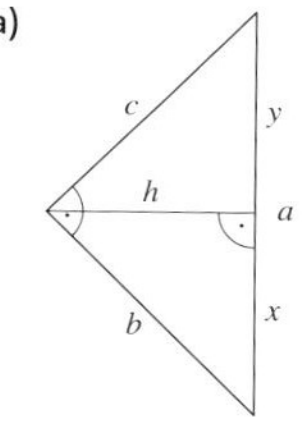

- ☒ $a^2 = c^2 + b^2$
- ☐ $b^2 = c^2 - a^2$
- ☐ $h^2 = c^2 + a^2$
- ☒ $b^2 = x^2 + h^2$
- ☒ $y = \sqrt{c^2 - h^2}$
- ☐ $x = \sqrt{b - h}$

b)
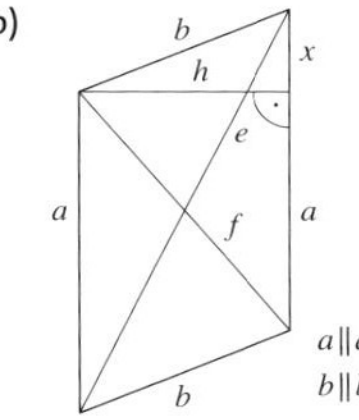

- ☐ $a^2 + b^2 = f^2$
- ☐ $h^2 + a^2 = e^2$
- ☒ $x = \sqrt{b^2 - h^2}$
- ☒ $e = \sqrt{(a - x)^2 + h^2}$
- ☐ $b^2 + (\frac{e}{2})^2 = (\frac{f}{2})^2$
- ☐ $e^2 = a^2 + b^2$

3 Handelt es sich um rechtwinklige Dreiecke?
Unterstreiche gegebenenfalls die Seite, die dem rechten Winkel gegenüberliegt.
Zusatzaufgabe: Ändere eine Seitenlänge, sodass ein rechtwinkliges Dreieck vorliegt.

a) <u>$a = 0{,}5\,\text{cm}$</u>; $b = 0{,}3\,\text{cm}$; $c = 0{,}4\,\text{cm}$		☒ rechtwinklig	☐ nicht rechtwinklig
b) $a = 1{,}2\,\text{m}$; <u>$b = 20\,\text{dm}$</u>; $c = 1{,}6\,\text{m}$		☒ rechtwinklig	☐ nicht rechtwinklig
c) $a = 270\,\text{m}$; $b = 450\,\text{m}$; $c = 210\,\text{m}$	z. B. $b \approx 342\,\text{m}$	☐ rechtwinklig	☒ nicht rechtwinklig
d) $a = 250\,\text{cm}$; $b = 2{,}8\,\text{m}$; $c = 24\,\text{dm}$	z. B. $b \approx 3{,}5\,\text{m}$	☐ rechtwinklig	☒ nicht rechtwinklig

Anwenden und Vernetzen

4 Unter einem 2,18 m hohen, 1,05 m breiten und 0,65 m tiefen Schrank soll Teppich verlegt werden.
Das Zimmer ist 2,40 m hoch.
Um welche Kante muss der Schrank beim Verlegen des Teppichs gekippt werden?

Er kann beim Verlegen lediglich um die 1,05 m lange Kante gekippt werden. Nur die Flächendiagonale der „2,18 m × 0,65 m"-Schrankwand liegt mit $\sqrt{(2{,}18\,\text{m})^2 + (0{,}65\,\text{m})^2} \approx 2{,}27\,\text{m}$ gerade noch unter der Zimmerhöhe.

5 Wenn man die Kugel am Ende eines Fadenpendels 20 cm (waagerecht gemessen) zur Seite auslenkt, so gewinnt die Kugel 2 cm an Höhe. Wie lang ist das Pendel?
Hinweis: Vervollständige die Zeichnung zu einer für die Aufgabe hilfreichen Skizze.

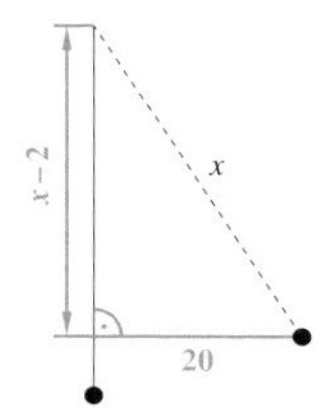

Länge x des Pendels: $x^2 = (20\,\text{cm})^2 + (x - 2\,\text{cm})^2 = 400\,\text{cm}^2 + x^2 - 4\,\text{cm} \cdot x + 4\,\text{cm}^2$

$x = 101\,\text{cm}$ $\quad$ Das Pendel ist 101 cm lang.

6 Berechne die Längen der Raumdiagonalen d eines Würfels mit der Kantenlänge $k = 4\,\text{cm}$.
Zusatzaufgabe: Gib eine möglichst kurze allgemeine Formel zur Berechnung der Raumdiagonalen d eines Würfels mit beliebiger Kantenlänge k an.

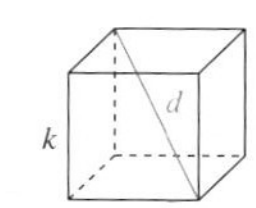

e sei eine Seitendiagonale. $\quad$ $e = \sqrt{(4\,\text{cm})^2 + (4\,\text{cm})^2} \approx 5{,}66\,\text{cm}$

$d = \sqrt{e^2 + (4\,\text{cm})^2} \approx 6{,}93\,\text{cm}$ $\quad$ Die Raumdiagonale d ist rund 6,93 cm lang.

allgemeine Formel: $d = \sqrt{3 \cdot k^2} = \sqrt{3} \cdot k$

Der Satz des Thales

▶ Grundwissen

- Wenn der Punkt C eines Dreiecks ABC auf einem Kreis liegt, der die Strecke $\overline{AB}$ als Durchmesser hat, dann hat das Dreieck bei C einen rechten Winkel. ☒ wahr ☐ falsch
- Wenn das Dreieck ABC ein rechtwinkliges Dreieck mit $\gamma = 90°$ ist, dann liegt C auf dem Kreis mit dem Durchmesser $\overline{AB}$. ☒ wahr ☐ falsch
- Genau dann, wenn C auf einem Kreis mit dem Durchmesser $\overline{AB}$ liegt, ist der Winkel BCA ein rechter Winkel. ☒ wahr ☐ falsch

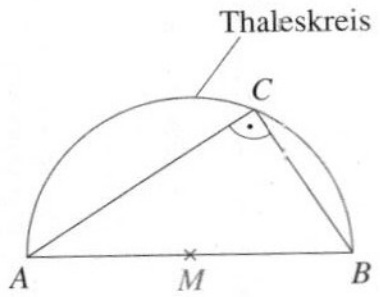

▶ **Auftrag:** Kreuze an. Überlege, wie eine der Entscheidungen begründet werden kann. individuelle Lösung

Trainieren

1 Zeichne drei rechtwinklige Dreiecke in den Halbkreis ein.
Markiere die rechten Winkel. individuelle Lösung

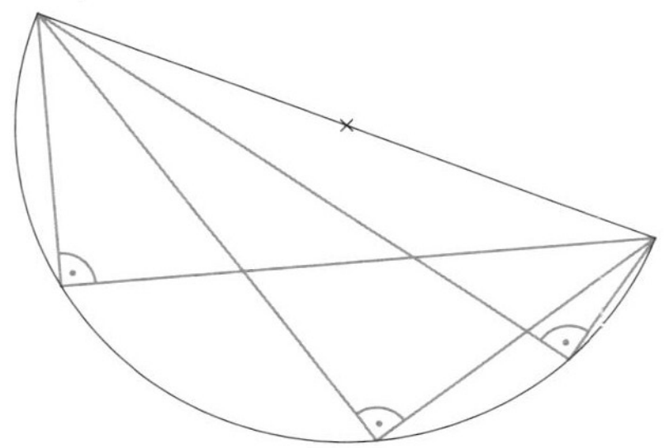

2 Überprüfe jeweils mit einem Zirkel, ob das Dreieck rechtwinklig ist.
Markiere gegebenenfalls den rechten Winkel.
Hinweis: Winkelmesser, Geodreieck und andere Hilfsmittel zum Messen rechter Winkel sind nicht zu verwenden.

a)
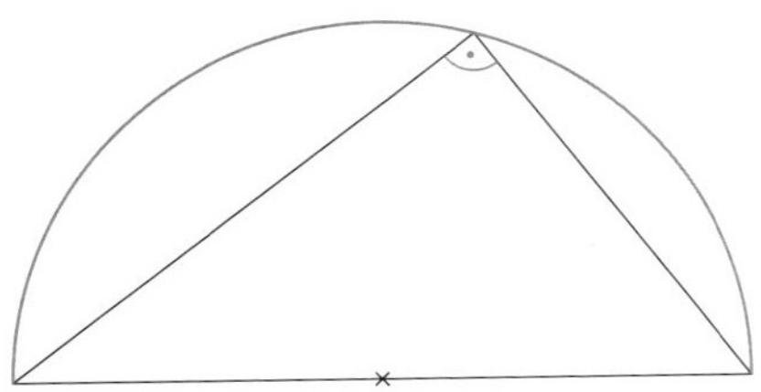

b)
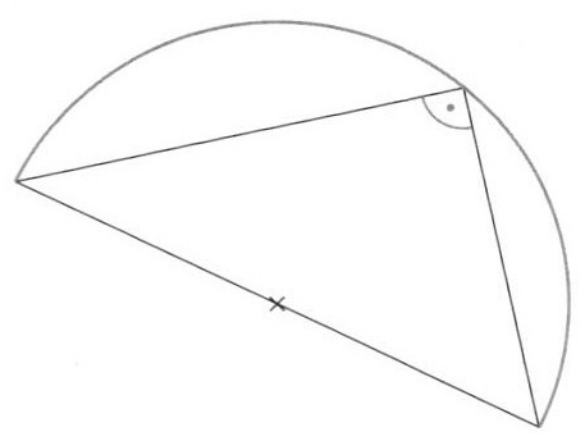

c)
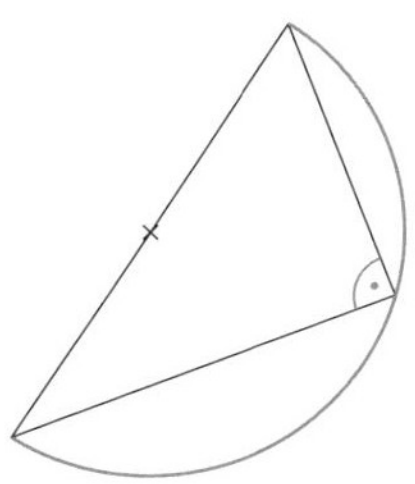

d)
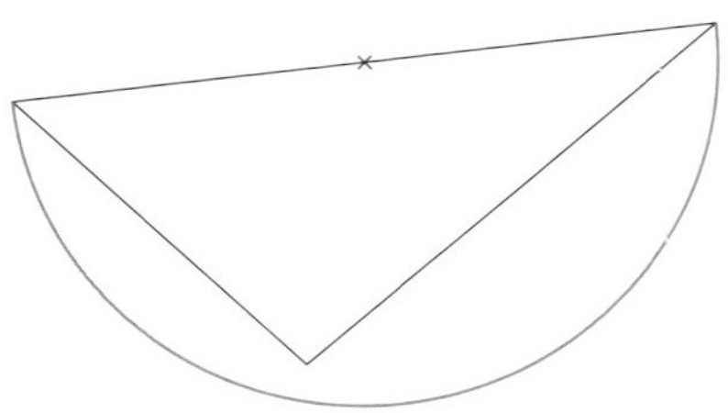

3 Die längste Seite eines rechtwinkligen Dreiecks ist 5 cm lang.
Die kürzeste Seite ist 3 cm lang.
Ermittle mithilfe einer Zeichnung die fehlende Seitenlänge.

4 cm

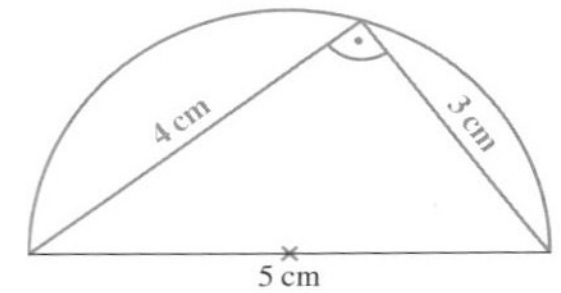

4 Zeichne ein rechtwinkliges Dreieck ABC mit …

a) $b = 5$ cm; $c = 3{,}5$ cm und $\beta = 90°$

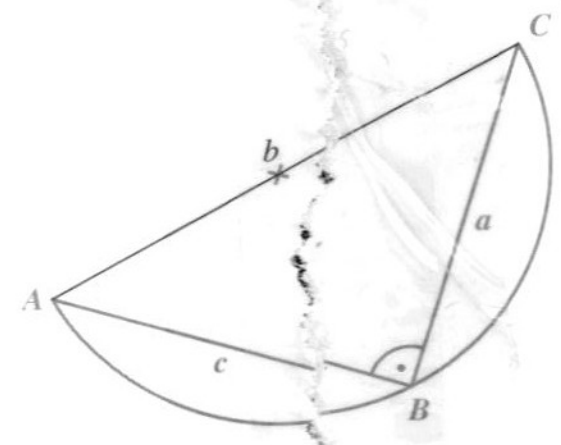

b) $a = 5$ cm; $c = 2$ cm und $\alpha = 90°$

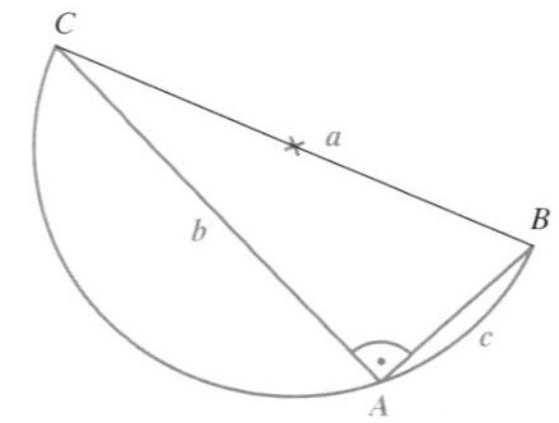

Anwenden und Vernetzen

5 Berechne alle fehlenden Winkelgrößen. Nutze dabei keine Hilfsmittel zum Messen.

a)
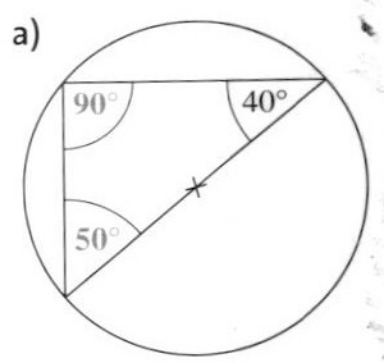

b)
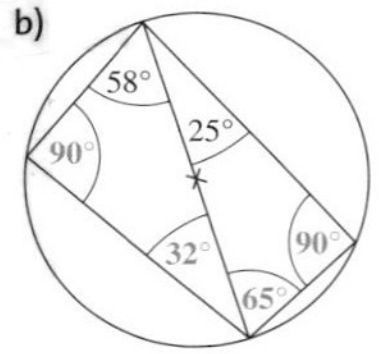

c)
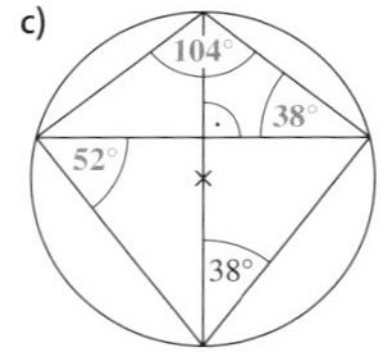

d)
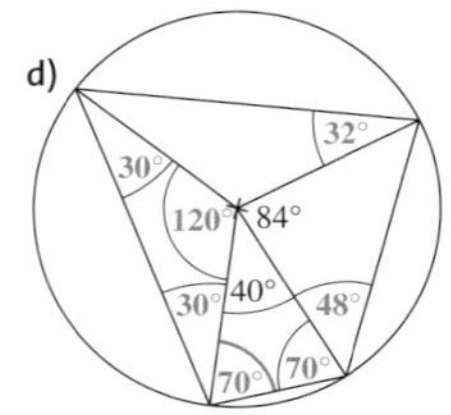

6 Beschreibe kurz, wie Mister Schnurstöckchen mithilfe einer Schnur und Stöckchen das abgesteckte Beet in ein rechteckiges Beet umwandeln könnte. Nur zwei Eckstöckchen sollen dazu versetzt werden.
Hinweise: Skizziere im Bild links die entsprechenden Schritte. Kontrolliert die Beschreibungen gegenseitig.

z. B.
① Festlegen, welche beiden Eckstöckchen auf dem später entstehenden Umkreis des rechteckigen Beetes liegen sollen. Zeichnen einer Diagonale des rechteckigen Beetes und ermitteln dessen Mittelpunkts.
② Zeichnen eines Kreises, dessen Durchmesser diese Diagonale ist. Die Schnittpunkte des Kreises mit der Steinkante sind zwei Ecken des rechteckigen Beetes.
③ Abtragen der bei ② ermittelten Streckenlängen auf der anderen Seite der Diagonalen, sodass sich ein rechteckiges Beet ergibt.

Baumdiagramme

▶ Grundwissen

Mit Baumdiagrammen können mehrstufige Zufallsversuche dargestellt werden.

Beispiel:
Martin (M), Alexander (A) und Kolja (K) überlegen, wer beim Staffellauf als Erster, Zweiter bzw. Dritter startet.
Dafür veranschaulichen sie alle Möglichkeiten genau einmal.

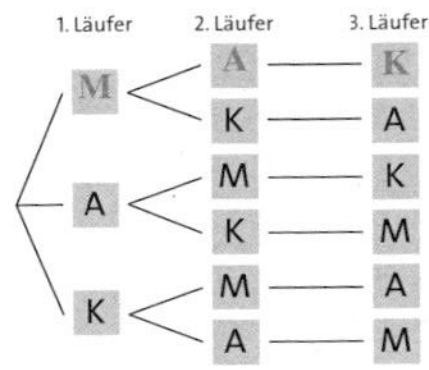

Variante 1: Martin – Alexander – Kolja
Variante 2: Martin – Kolja – Alexander
Variante 3: Alexander – Martin – Kolja
Variante 4: Alexander – Kolja – Martin
Variante 5: Kolja – Martin – Alexander
Variante 6: Kolja – Alexander – Martin

▶ Auftrag: Ergänze Variante 1.

Trainieren

1 Jeder der drei Streifen der Flagge des Sportclubs Tricolor soll eine andere Farbe haben. Schwarz, Grün, Blau und Rot stehen zur Verfügung.

a) Veranschauliche im Baumdiagramm alle Möglichkeiten. Färbe dazu die Teile der Flaggen ein.

b) Markiere die drei am besten aussehenden Flaggen. individuelle Lösung

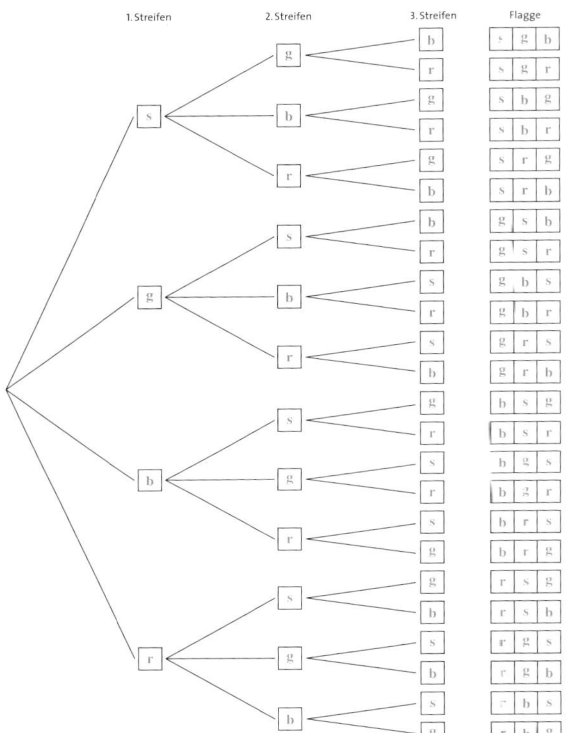

2 Anordnen von Buchstaben

a) Stelle im Baumdiagramm alle Möglichkeiten, die Buchstaben O, R und T nacheinander anzuordnen, dar. Notiere rechts daneben die Möglichkeiten und unterstreiche alle Anordnungen, die ein sinnvolles Wort ergeben.

z. B.

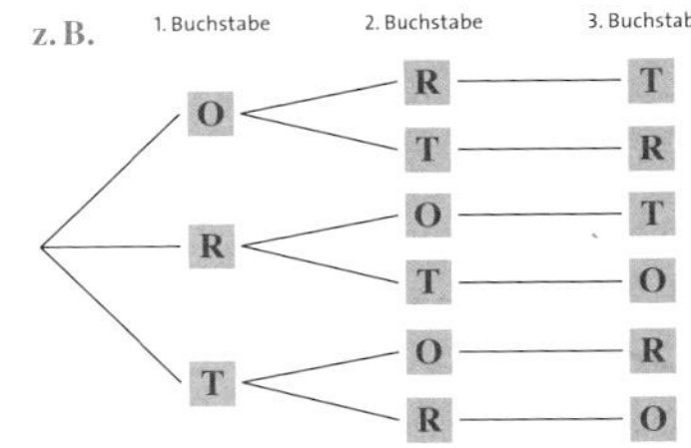

ORT
OTR
ROT
RTO
TOR
TRO

b) Wie viele Möglichkeiten gibt es, die Buchstaben O, R, T und E nacheinander anzuordnen? Begründe dein Ergebnis.

Für den 1. Buchstaben gibt es vier Möglichkeiten, für jeden 2. Buchstaben drei Möglichkeiten, für jeden 3. Buchstaben zwei Möglichkeiten und für jeden 4. Buchstaben eine Möglichkeit. $4 \cdot 3 \cdot 2 \cdot 1 = 24$

Es gibt 24 Möglichkeiten, die Buchstaben O, R, T und E nacheinander anzuordnen.

Anwenden und Vernetzen

3 Anna sagt: „Ich habe drei Geschwister. Mindestens eins davon ist ein Bruder."
Stefanie sagt: „Ich habe auch drei Geschwister. Das jüngste ist ein Bruder."

Finde mithilfe eines Baumdiagramms heraus, wer von beiden vermutlich eher mindestens zwei Brüder haben kann. Begründe deine Meinung.
Hinweis: Schreibe jeweils „J" für Bruder bzw. Junge und „M" für Schwester bzw. Mädchen.

z. B.

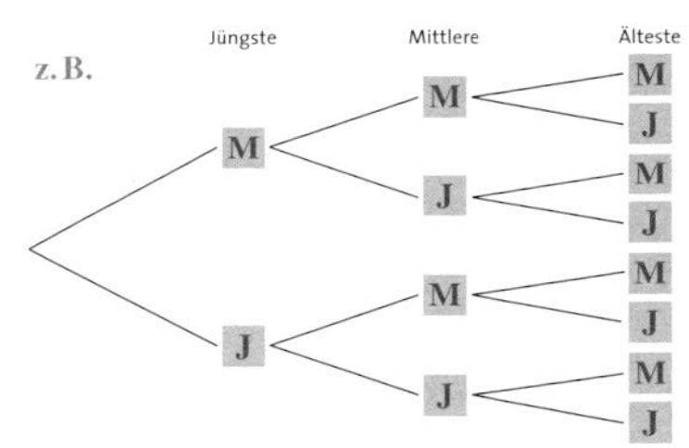

Geschwister nach dem Alter sortiert von Anna:

MMJ; MJM; MJJ; JMM; JMJ; JJM; JJJ

Geschwister nach dem Alter sortiert von Stefanie:

JMM; JMJ; JJM; JJJ

Bei Anna gibt es insgesamt 7 Möglichkeiten. Bei 4 davon hat sie mindestens zwei Brüder. Der Anteil beträgt $\frac{4}{7}$.

Bei Stefanie gibt es insgesamt 4 Möglichkeiten. Bei 3 davon hat sie mindestens zwei Brüder. Der Anteil beträgt $\frac{3}{4}$.

$\frac{4}{7} = \frac{16}{28}$ $\frac{3}{4} = \frac{21}{28}$ $\frac{16}{28} < \frac{21}{28}$ Stefanie hat demzufolge vermutlich eher zwei Brüder.

Pfadregel und Summenregel

▶ Grundwissen

- Pfadregel: Bei zweistufigen Zufallsexperimenten erhält man die Wahrscheinlichkeit eines Ergebnisses, indem man die Wahrscheinlichkeiten entlang des zugehörigen Pfades multipliziert.
- Summenregel: Bei zweistufigen Zufallsexperimenten ist die Wahrscheinlichkeit eines Ereignisses gleich der Summe der Wahrscheinlichkeiten aller Pfade, die zum Ereignis gehören.

Beispiel:
Martin (M), Alexander (A) und Kolja (K) überlegen:
Wie wahrscheinlich ist es, dass nach der Auslosung Martin als Erster und Alexander als Zweiter startet?
Wie wahrscheinlich ist es, dass nach der Auslosung Martin als Zweiter startet?

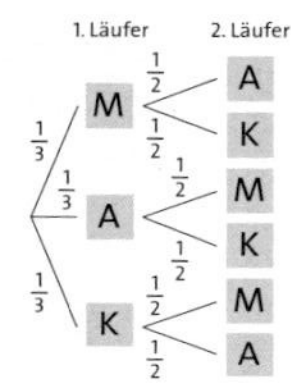

P(„Martin als Erster und Alexander als Zweiter“) = $\frac{1}{3} \cdot \frac{1}{2} = \frac{1}{6}$

P(„Martin als Zweiter“) = $\frac{1}{3} \cdot \frac{1}{2} + \frac{1}{3} \cdot \frac{1}{2} = \frac{2}{6} = \frac{1}{3}$

▶ Auftrag: Berechne die gesuchten Wahrscheinlichkeiten.

Trainieren

1 Das Glücksrad wird zweimal gedreht.

a) Ergänze das zugehörige Baumdiagramm, die Ergebnisse und die Wahrscheinlichkeiten.

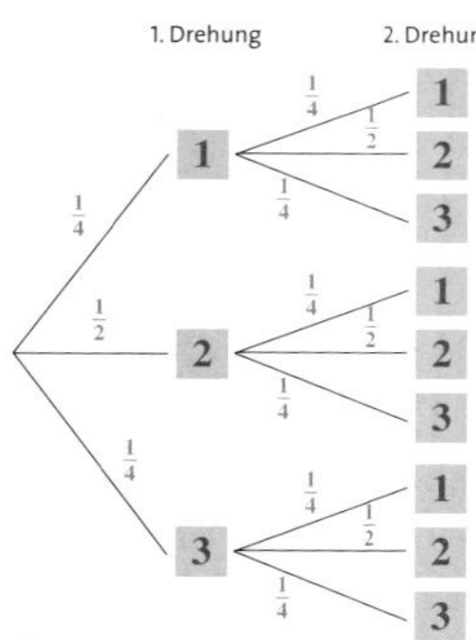

Wahrscheinlichkeiten der Ergebnisse

$P(\{(1|1)\}) = \frac{1}{16}$
$P(\{(1|2)\}) = \frac{1}{8}$
$P(\{(1|3)\}) = \frac{1}{16}$
$P(\{(2|1)\}) = \frac{1}{8}$
$P(\{(2|2)\}) = \frac{1}{4}$
$P(\{(2|3)\}) = \frac{1}{8}$
$P(\{(3|1)\}) = \frac{1}{16}$
$P(\{(3|2)\}) = \frac{1}{8}$
$P(\{(3|3)\}) = \frac{1}{16}$

b) Vervollständige folgende Tabelle.

erzielte Summe nach zweimal Drehen	2	3	4	5	6
Wahrscheinlichkeit	$\frac{1}{16}$	$\frac{2}{8} = \frac{1}{4}$	$\frac{6}{16} = \frac{3}{8}$	$\frac{2}{8} = \frac{1}{4}$	$\frac{1}{16}$

c) Mit welcher Wahrscheinlichkeit ist die erzielte Summe größer als 4?

$\frac{1}{8} + \frac{1}{8} + \frac{1}{16} = \frac{5}{16}$ Die Wahrscheinlichkeit, dass die erzielte Summe größer als 4 ist, ist $\frac{5}{16}$.

d) Gib ein Beispiel für ein Ereignis an, das mit der Wahrscheinlichkeit 0 eintritt.
z. B.
Die erzielte Summe ist 9.

2 Eine 50-Cent-Münze und ein Spielwürfel mit den Augenzahlen 1 bis 6 fallen gleichzeitig zu Boden.

a) Vervollständige das Baumdiagramm so, dass alle möglichen Ergebnisse leicht ablesbar sind.

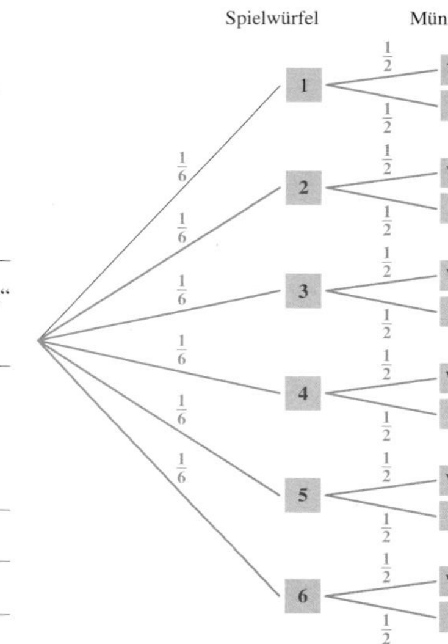

b) Gib die entsprechenden Wahrscheinlichkeiten an.

A: „Wappen und eine Augenzahl, die größer als 4 ist“

$P(A) = \frac{2}{12} = \frac{1}{6}$

B: „50 Cent und eine Augenzahl, die kleiner bzw. gleich 3 ist“

$P(B) = \frac{3}{12} = \frac{1}{4}$

c) Gib ein Experiment (ohne Spielwürfel und Münze) an, das auch durch den Baum von Teilaufgabe **a** beschrieben wird.
Hinweis: Kontrolliert die Beschreibungen gegenseitig.

individuelle Lösung

Anwenden und Vernetzen

3 Micha Steiger übte im Training Elfmeterschießen. Er schoss jeweils dreimal hintereinander.
Der Trainer hat festgestellt, dass die Konzentration des Spielers nachlässt. Er notierte alle Ergebnisse und erstellte die abgebildete Erfolgsstatistik.

Schuss	1	2	3
Wahrscheinlichkeit für einen Treffer	90 %	75 %	70 %

a) Erstelle ein vollständig beschriftetes Baumdiagramm. Trage darin die Wahrscheinlichkeiten ein.
Hinweis: „T“ steht für „Treffer“ und „N“ für „kein Tor“.

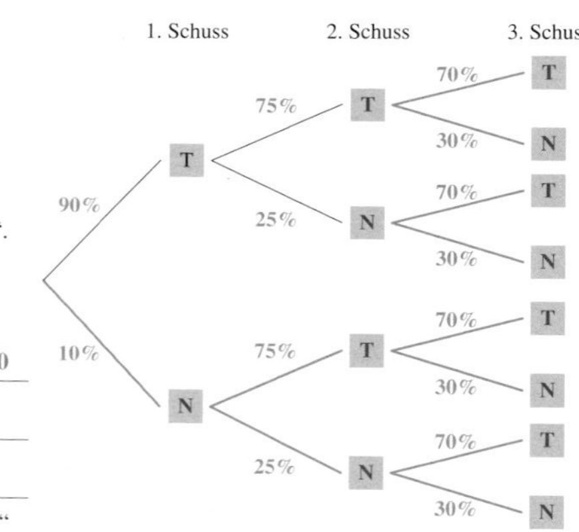

b) Mit welcher Wahrscheinlichkeit trifft Steiger dreimal hintereinander?

P(„trifft dreimal hintereinander“) = 0,90 · 0,75 · 0,70

= 0,4725 = 47,25 %

Die Wahrscheinlichkeit beträgt 47,25 %.

c) Schreibe das Ereignis E_1: „Er schießt höchstens ein Tor“ als Menge und berechne $P(E_1)$.

E_1: {(N|N|N); (T|N|N); (N|T|N); (N|N|T)}

$P(E_1) = 0{,}10 \cdot 0{,}25 \cdot 0{,}30 + 0{,}90 \cdot 0{,}25 \cdot 0{,}30 + 0{,}10 \cdot 0{,}75 \cdot 0{,}30 + 0{,}10 \cdot 0{,}25 \cdot 0{,}70 = 0{,}115 = 11{,}5\,\%$

d) Der Ball eines Profifußballers fliegt mit ca. 100 $\frac{km}{h}$. Überschlage, wie lange er für 11 m benötigt.

Der Ball benötigt ca. 0,4 s.

Umfänge von Kreisen

▶ Grundwissen

- Der Quotient von Umfang u und Durchmesser d ist bei allen Kreisen gleich. $u : d = \pi \approx 3{,}14$
- Für den Umfang u eines Kreises gilt: $u = \pi \cdot d$

$u = \pi \cdot 2r$

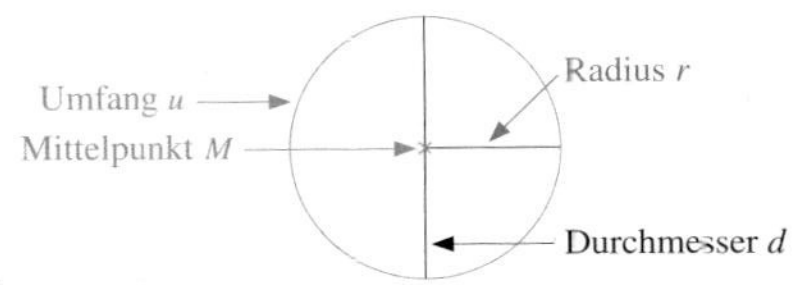

▶ Auftrag: Stelle eine Formel zur Berechnung des Umfangs u mithilfe des Radius r auf.

Trainieren

1

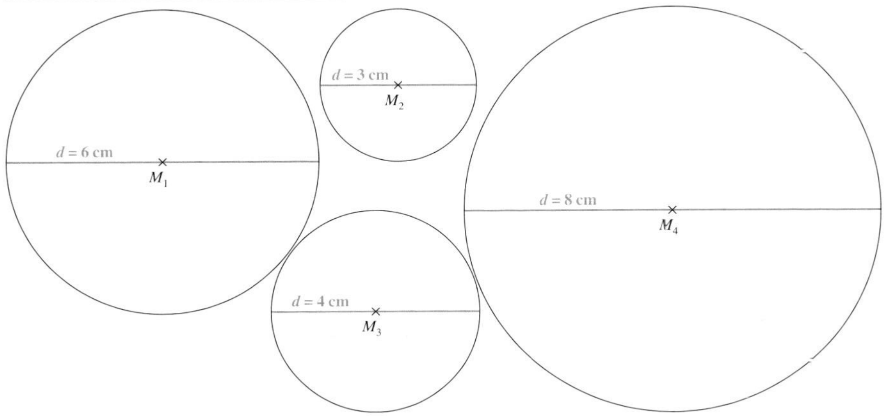

a) Die Umfänge der Kreise wurden geschätzt. Ermittle, ohne zu messen, jeweils den besseren Schätzwert. Kreuze ihn an.

Kreis um M_1 ☒ 20 cm ☐ 25 cm Kreis um M_2 ☒ 10 cm ☐ 15 cm Kreis um M_3 ☐ 9 cm ☒ 12 cm Kreis um M_4 ☐ 16 cm ☒ 24 cm

b) Berechne jeweils mithilfe des Durchmessers den Umfang. Runde auf Hundertstel.

$u_1 = \pi \cdot 6\,\text{cm} \approx 18{,}85\,\text{cm}$ $u_2 = \pi \cdot 3\,\text{cm} \approx 9{,}42\,\text{cm}$ $u_3 = \pi \cdot 4\,\text{cm} \approx 12{,}57\,\text{cm}$ $u_4 = \pi \cdot 8\,\text{cm} \approx 25{,}13\,\text{cm}$

2 Berechne die fehlenden Werte. Runde auf Hundertstel.

Durchmesser	10,00 cm	0,28 m	5,5 km	237,00 mm	22,80 dm	8,2 dm
Radius	5,00 cm	0,14 m	2,75 km	118,50 mm	11,40 dm	4,1 dm
Umfang	31,42 cm	0,88 m	17,28 km	744,56 mm	71,63 dm	25,76 dm

3 Von oben gesehen sind folgende Objekte Kreise. Ordne diesen den entsprechenden Umfang zu.

Münze | Mittelkreis eines Fußballfeldes | Rad eines Fahrrades | Teller | Longdrinkglas

1,95 dm | 57,8 m | 7,23 cm | 2,17 m | 75,4 cm | 37,15 cm

4 Berechne jeweils den Umfang der gelben Flächen. Miss dazu benötigte Streckenlängen.

a) 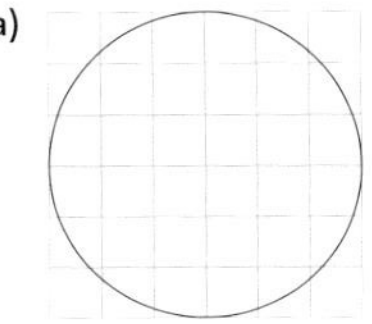
Umfang: $\pi \cdot 3\,\text{cm}$
$\approx 9{,}42\,\text{cm}$

b) 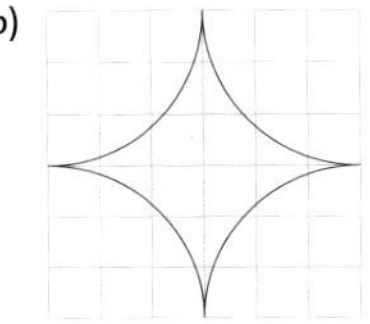
Umfang: $\pi \cdot 3\,\text{cm}$
$\approx 9{,}42\,\text{cm}$

c) 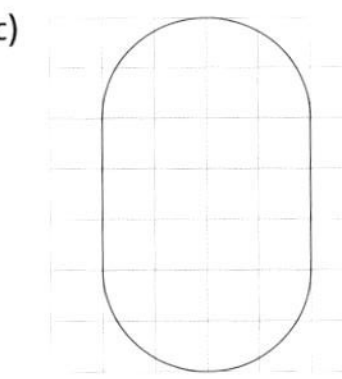
Umfang: $\pi \cdot 2\,\text{cm} + 2 \cdot 1{,}5\,\text{cm}$
$\approx 9{,}28\,\text{cm}$

d) 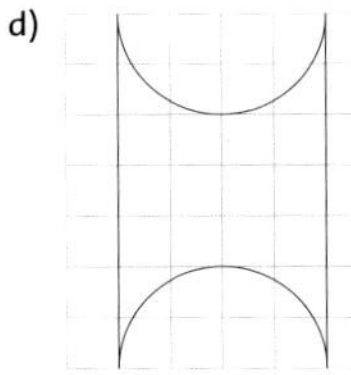
Umfang: $\pi \cdot 2\,\text{cm} + 2 \cdot 3{,}5\,\text{cm}$
$\approx 13{,}28\,\text{cm}$

5 Kann mit einem 20 m langen Seil ein Kreis mit 6 m Durchmesser gelegt werden? Begründe kurz deine Antwort.

Ja, denn $20\,\text{m} : \pi \approx 6{,}37\,\text{m} > 6\,\text{m}$.

Anwenden und Vernetzen

6 Die abgebildete Figur wurde nur mit einem Zirkel gezeichnet.
Der weiße Kreis hat einen Durchmesser von 1,2 cm.

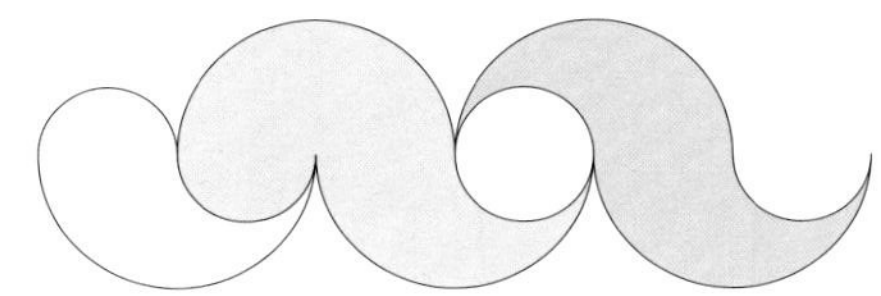

a) Zeichne die Figur im Maßstab 2 : 1.

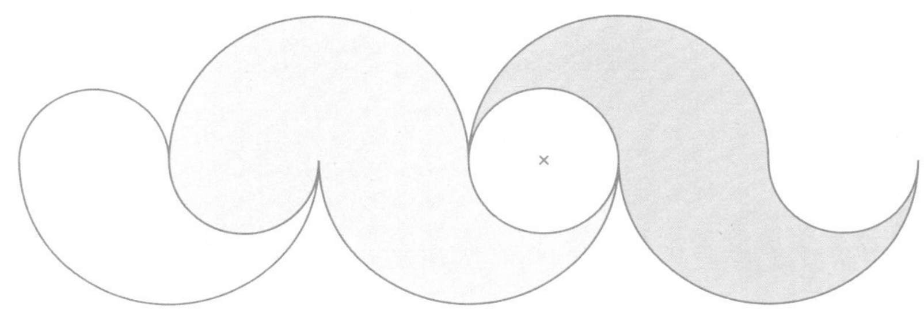

b) Berechne von der Figur im Maßstab 2 : 1 jeweils den Umfang folgender Teilfiguren.
Zusatzaufgabe: Prüfe mithilfe einer Schnur, ob deine Ergebnisse bei Teilaufgabe **b** richtig sein können.

weißer Kreis $\pi \cdot 2{,}4\,\text{cm} \approx 7{,}54\,\text{cm}$

blaue Fläche $\pi \cdot 2{,}4\,\text{cm} + \pi \cdot 4{,}8\,\text{cm} \approx 22{,}62\,\text{cm}$

graue Fläche $\pi \cdot 2{,}4\,\text{cm} + \pi \cdot 4{,}8\,\text{cm} \approx 22{,}62\,\text{cm}$

gelbe Fläche $\pi \cdot 2{,}4\,\text{cm} + 0{,}5 \cdot \pi \cdot 4{,}8\,\text{cm} \approx 15{,}08\,\text{cm}$

Flächeninhalte von Kreisen

▶ Grundwissen

Der Flächeninhalt A eines Kreises mit dem Radius r lässt sich mit folgender Formel berechnen.

$A = r^2 \cdot \pi$

$A = \pi \cdot \left(\frac{d}{2}\right)^2 = \pi \cdot \frac{d^2}{4} = \frac{1}{4}\pi \cdot d^2$

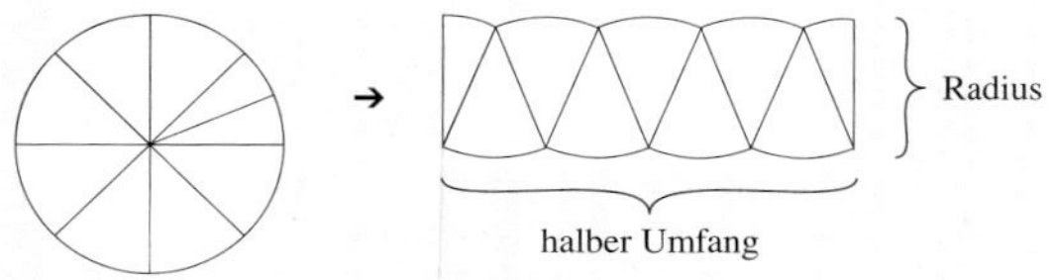

▶ Auftrag: Stelle eine Formel zur Berechnung des Flächeninhalts A mithilfe des Durchmessers d auf.

Trainieren

1

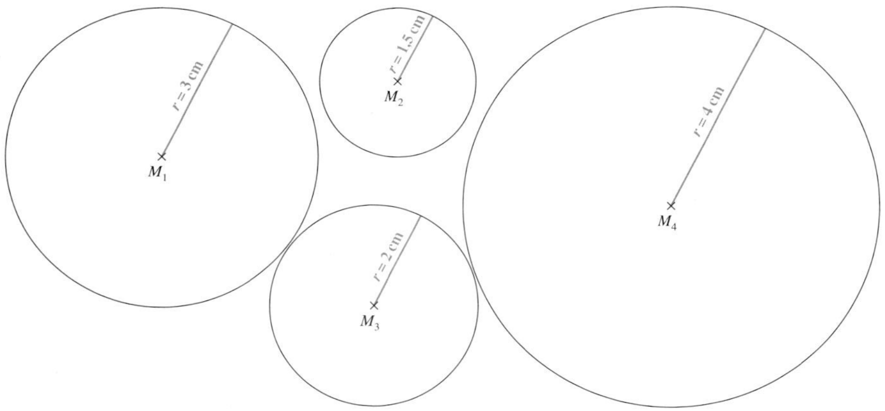

a) Die Flächeninhalte der Kreise wurden geschätzt.
Ermittle, ohne zu messen, jeweils den besseren Schätzwert. Kreuze ihn an.

Kreis um M_1 ☒ 27 cm² ☐ 45 cm²
Kreis um M_2 ☐ 6 cm² ☒ 7 cm²
Kreis um M_3 ☐ 6 cm² ☒ 12 cm²
Kreis um M_4 ☒ 48 cm² ☐ 78 cm²

b) Berechne jeweils mithilfe des Radius den Flächeninhalt. Runde auf Hundertstel.

$A_1 = \pi \cdot (3\,\text{cm})^2 \approx 28{,}27\,\text{cm}^2$ $A_2 = \pi \cdot (1{,}5\,\text{cm})^2 \approx 7{,}07\,\text{cm}^2$ $A_3 = \pi \cdot (2\,\text{cm})^2 \approx 12{,}57\,\text{cm}^2$ $A_4 = \pi \cdot (4\,\text{cm})^2 \approx 50{,}27\,\text{cm}^2$

2 Berechne die fehlenden Werte. Runde auf Hundertstel.

Durchmesser	10,00 cm	0,28 m	5,5 km	23,7 m	2,40 dm	8,2 dm
Radius	5,00 cm	0,14 m	2,75 km	11,85 m	1,20 dm	4,1 dm
Flächeninhalt	78,54 m²	0,06 m²	23,76 km²	441,15 m²	4,52 dm²	52,81 dm²

3 Von oben gesehen sind folgende Objekte Kreise. Schätze, wie groß die entsprechenden Flächeninhalte sind.

a) 1-Euro-Münze ca. 4 cm²
b) Mittagsteller 400 cm² bis 700 cm²
c) Tischtennisball ca. 13 cm²
d) Mittelkreis eines Fußballfeldes ca. 266 m²

4 Berechne jeweils den Flächeninhalt der gelben Flächen. Miss dazu benötigte Streckenlängen.
Hinweis: Prüfe mithilfe der Kästchen, ob deine Ergebnisse stimmen können.

a) 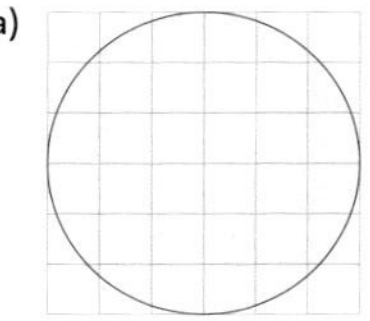
Flächeninhalt: $\pi \cdot (1{,}5\,\text{cm})^2$ $\approx 7{,}07\,\text{cm}^2$

b) 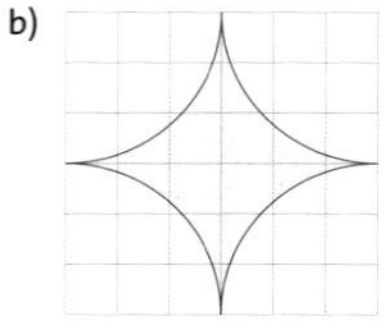
Flächeninhalt: $9\,\text{cm}^2 - \pi \cdot (1{,}5\,\text{cm})^2$ $\approx 1{,}93\,\text{cm}^2$

c) 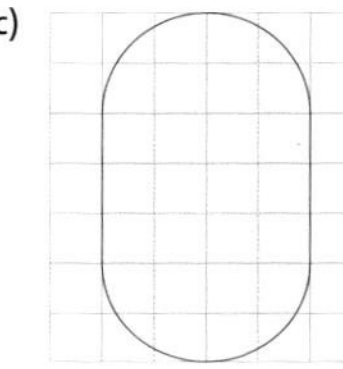
Flächeninhalt: $3\,\text{cm}^2 + \pi \cdot (1\,\text{cm})^2$ $\approx 6{,}14\,\text{cm}^2$

d) 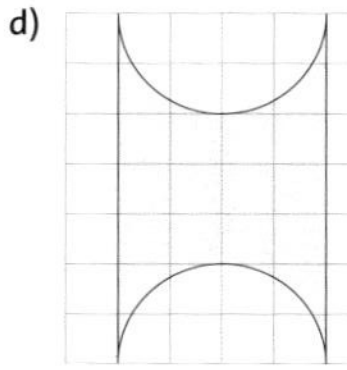
Flächeninhalt: $7\,\text{cm}^2 - \pi \cdot (1\,\text{cm})^2$ $\approx 3{,}86\,\text{cm}^2$

5 Mit einer 16 cm langen Schnur wurde zuerst ein Quadrat und danach ein Kreis gelegt.
Welche der beiden Figuren hatte den größeren Flächeninhalt?

Der Kreis hatte den größeren Flächeninhalt ($A_{\text{Kreis}} \approx 20\,\text{cm}^2$; $A_{\text{Quadrat}} = 16\,\text{cm}^2$).

Anwenden und Vernetzen

6 Die Zuschauerplätze einer Freilichtbühne sind auf einer halbkreisförmigen Fläche mit 42,00 m Durchmesser angeordnet.
Pro Zuschauer wird ein Platzbedarf von 0,60 m² angenommen.
Wie viele Eintrittskarten können verkauft werden?

Flächeninhalt des Halbkreises: $\pi \cdot (21\,\text{m})^2 : 2 \approx 692{,}72\,\text{m}^2$

Plätze: $692{,}72\,\text{m}^2 : 0{,}60\,\text{m}^2 \approx 1154{,}53$

Höchstens 1154 Eintrittskarten können verkauft werden.

7 Bei der Restauration einer Kirche soll das folgende Ornament nachgezeichnet werden.
Für einen Quadratmeter benötigt man 0,8 l Farbe.

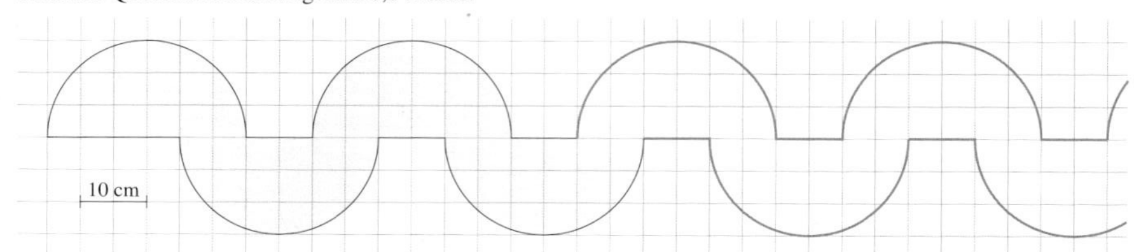

a) Berechne zuerst den Farbverbrauch für den abgebildeten Teil des Ornamentes. Setze es danach bis zum Rand fort.
Hinweis: Beachte den Maßstab.

Flächeninhalt: $\pi \cdot (15\,\text{cm})^2 \cdot 2 \approx 1413{,}72\,\text{cm}^2 \approx 0{,}14\,\text{m}^2$ Farbe: $0{,}14 \cdot 0{,}8\,\text{l} = 0{,}112\,\text{l}$

Es werden rund 0,11 l Farbe benötigt.

b) Zusatzaufgabe: Ergänze weitere Elemente im Ornament und ermittle den Farbverbrauch. **individuelle Lösung**

Kreisteile

▶ Grundwissen

Flächeninhalt eines Kreisrings
$A_R = \pi \cdot r_a^2 - \pi \cdot r_i^2$

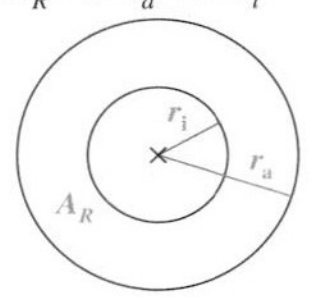

Flächeninhalt eines Kreissektors
$A_S = \frac{\alpha}{360°} \cdot \pi \cdot r^2$

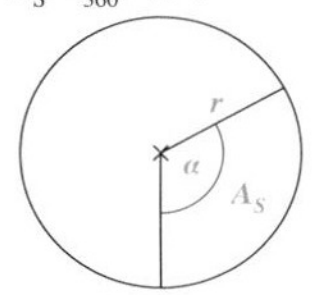

Länge eines Kreisbogens
$b = \frac{\alpha}{360°} \cdot \pi \cdot d$

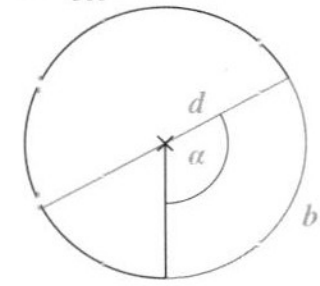

Beispiele:
$A_R = \pi \cdot (1{,}4\,cm)^2 - \pi \cdot (0{,}7\,cm)^2$ — $A_R \approx$ 4,62 cm²

$A_S = \frac{120°}{360°} \cdot \pi \cdot (1{,}4\,cm)^2$ — $A_S \approx 2{,}05\,cm^2$

$b = \frac{120°}{360°} \cdot \pi \cdot 2{,}8\,cm$ — $b \approx 2{,}93\,cm$

▶ Auftrag: Ergänze α; A_R; A_S; b; d; r; r_a; r_i in den Zeichnungen und berechne die Ergebnisse.

Trainieren

1 Kreuze zuerst die kleinste(n) gelbe(n) Fläche(n) an und berechne danach die Flächeninhalte.

① ☒
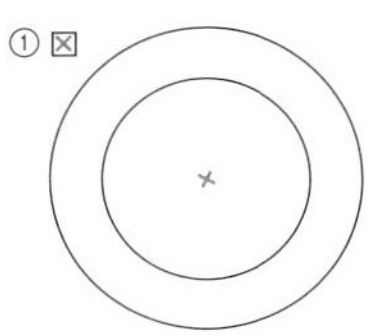
$\pi \cdot (1{,}5\,cm)^2 - \pi \cdot (1\,cm)^2$
$\approx 3{,}93\,cm^2$

② ☐
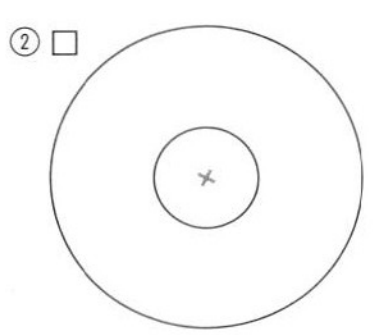
$\pi \cdot (1{,}5\,cm)^2 - \pi \cdot (0{,}5\,cm)^2$
$\approx 6{,}28\,cm^2$

③ ☒
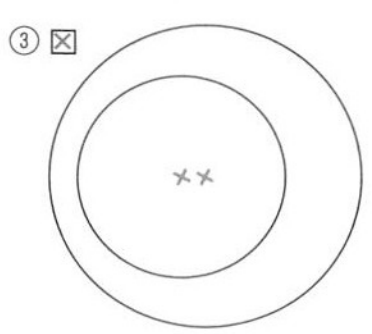
$\pi \cdot (1{,}5\,cm)^2 - \pi \cdot (1\,cm)^2$
$\approx 3{,}93\,cm^2$

④ ☒
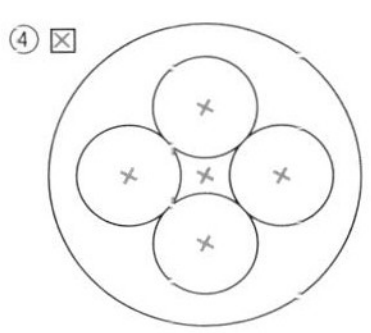
$\pi \cdot (1{,}5\,cm)^2 - 4 \cdot \pi \cdot (0{,}5\,cm)^2$
$\approx 3{,}93\,cm^2$

2 Ergänze die Tabelle für einen Kreis mit einem Radius von einem Dezimeter.

Mittelpunktswinkel	180°	90°	45°	270°	135°	225°
Bogenlänge	π dm	$\frac{1}{2} \cdot \pi$ dm	$\frac{1}{4} \cdot \pi$ dm	$\frac{3}{2} \cdot \pi$ dm	$\frac{3}{4} \cdot \pi$ dm	$1\frac{1}{4} \cdot \pi$ dm
Flächeninhalt des Kreisausschnittes	$\frac{1}{2} \cdot \pi\,dm^2$	$\frac{1}{4} \cdot \pi\,dm^2$	$\frac{1}{8} \cdot \pi\,dm^2$	$\frac{3}{4} \cdot \pi\,dm^2$	$\frac{3}{8} \cdot \pi\,dm^2$	$\frac{5}{8} \cdot \pi\,dm^2$

3 Ordne die Mittelpunktswinkel, die Flächeninhalte der Kreissektoren und die Längen der Kreisbögen zu.

Halbkreis mit $r = 10\,m$	Viertelkreis mit $r = 12\,m$	Zehntelkreis mit $d = 12\,m$	Zwölftelkreis mit $d = 14\,m$		
$\alpha = 90°$	$\alpha = 36°$	$\alpha = 180°$	$\alpha = 120°$	$\alpha = 30°$	$\alpha = 75°$
$A_S \approx 157{,}08\,m^2$	$A_S \approx 11{,}30\,m^2$	$A_S \approx 12{,}83\,m^2$	$A_S \approx 113{,}10\,m^2$	$A_S \approx 173{,}10\,m^2$	
$b \approx 18{,}85\,m$	$b \approx 31{,}42\,m$	$b \approx 3{,}67\,m$	$b \approx 15{,}14\,m$	$b \approx 3{,}77\,m$	

4 Kreisausschnitte

a) Berechne jeweils die Bogenlänge und den Flächeninhalt der Kreisausschnitte.

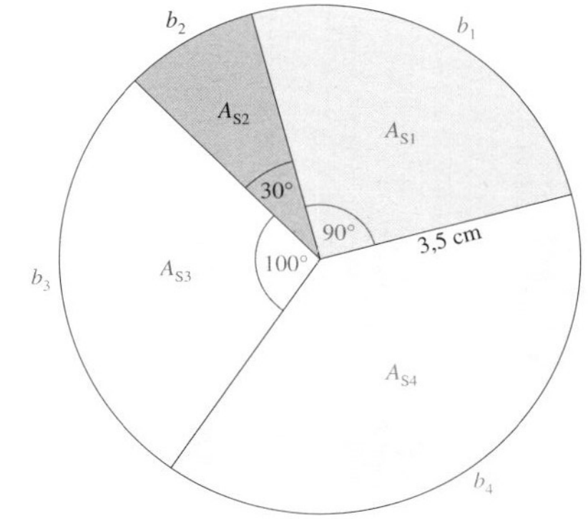

$b_1 = \frac{90°}{360°} \cdot 2\pi \cdot 3{,}5\,cm \approx 5{,}49\,cm$

$b_2 = \frac{30°}{360°} \cdot 2\pi \cdot 3{,}5\,cm \approx 1{,}83\,cm$

$b_3 = \frac{100°}{360°} \cdot 2\pi \cdot 3{,}5\,cm \approx 6{,}11\,cm$

$b_4 = \frac{140°}{360°} \cdot 2\pi \cdot 3{,}5\,cm \approx 8{,}55\,cm$

$A_{S1} = \frac{90°}{360°} \cdot \pi \cdot (3{,}5\,cm)^2 \approx 9{,}62\,cm^2$

$A_{S2} = \frac{30°}{360°} \cdot \pi \cdot (3{,}5\,cm)^2 \approx 3{,}21\,cm^2$

$A_{S3} = \frac{100°}{360°} \cdot \pi \cdot (3{,}5\,cm)^2 \approx 10{,}69\,cm^2$

$A_{S4} = \frac{140°}{360°} \cdot \pi \cdot (3{,}5\,cm)^2 \approx 14{,}97\,cm^2$

b) Berechne den Flächeninhalt und den Umfang des Kreises.
Überprüfe damit, ob deine Ergebnisse bei Teilaufgabe **a** stimmen können. Addiere sie.

$2\pi r = 2\pi \cdot 3{,}5\,cm \approx 22\,cm$ — $5{,}49\,cm + 1{,}83\,cm + 6{,}11\,cm + 8{,}55\,cm \approx 22\,cm$

$\pi \cdot r^2 = \pi \cdot (3{,}5\,cm)^2 \approx 38{,}5\,cm^2$ — $9{,}62\,cm^2 + 3{,}21\,cm^2 + 10{,}69\,cm^2 + 14{,}97\,cm^2 \approx 38{,}5\,cm^2$

Schlussfolgerung: Die Ergebnisse bei Teilaufgabe a können stimmen.

Anwenden und Vernetzen

5 Christoph warf drei Pfeile.

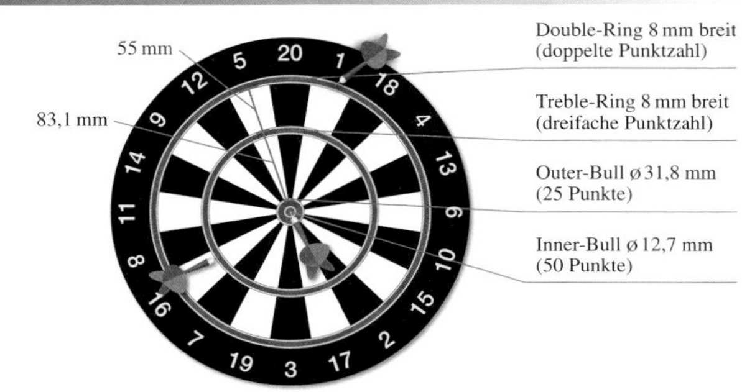

a) Ermittle die erreichte Punktzahl.

$1 \cdot 2 + 16 \cdot 3 + 50 = 100$

Er erreichte 100 Punkte.

b) Ermittle die Flächeninhalte der getroffenen Felder.
Runde auf volle Quadratmillimeter.
Zusatzaufgabe: Prüfe, ob die Punktzahl etwa proportional zur Flächengröße ist. Nein.

z. B.
„1": $\frac{1}{20} \cdot [(\pi \cdot (176{,}35\,mm)^2 - (\pi \cdot (168{,}35\,mm)^2)] \approx 433\,mm^2$

„16": $\frac{1}{20} \cdot [(\pi \cdot (113{,}35\,mm)^2 - (\pi \cdot (105{,}35\,mm)^2)] \approx 275\,mm^2$

„50": $\pi \cdot (12{,}7\,mm : 2)^2 \approx 127\,mm^2$

6 Berechne den Mittelpunktswinkel und den Flächeninhalt eines Kreisausschnittes mit einem Radius von 8 cm und einer Bogenlänge von 15 cm.

Der Mittelpunktswinkel ist rund 107,43° groß. (Der Umfang des Kreises beträgt rund 50,27 cm.)

Der Flächeninhalt des Kreisausschnittes beträgt rund 60 cm².

Zylinder erkennen und zeichnen

▶ Grundwissen

- Gerade Zylinder sind Körper mit einem Kreis als Grund- und Deckfläche. Grund- und Deckfläche sind zueinander parallel und kongruent.
- Die Seitenfläche ist gekrümmt und ergibt abgerollt ein Rechteck. Das ist der Mantel.
- Der Abstand zwischen Grund- und Deckfläche ist die Höhe des Zylinders.

Beispiel: Schrägbilder verschiedener Zylinder

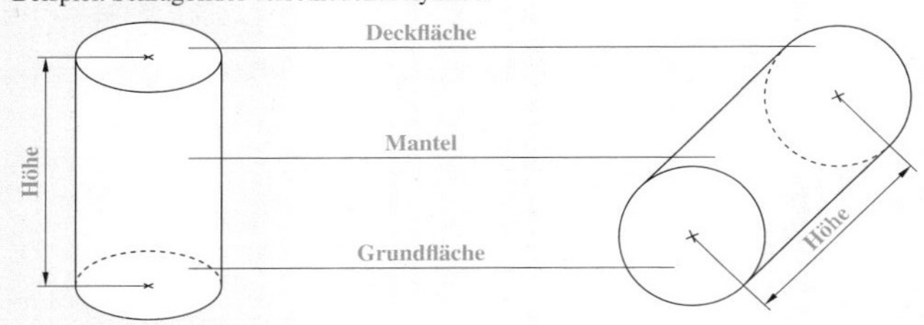

▶ Auftrag: Ergänze die Fachbegriffe.

Trainieren

1 Teile mit der Form eines Zylinders

a) Wie viele zylinderförmige Holzteile wurden anscheinend verbaut? 10

b) Wie viele Grund- bzw. Deckflächen zylinderförmiger Holzteile sind ganz oder teilweise auf dem Foto zu sehen? 3

c) Das Flugzeug ist ca. 15 cm lang. Welches zylinderförmige Teil ist etwa 5 mm hoch? ein Rad

d) Woran erkennt man, dass der Flugzeugrumpf kein Zylinder ist?
z. B.
Der Durchmesser ist vorn anders als hinten am Flugzeugrumpf.

2 Zylinder im Alltag

a) Kreuze alle Gegenstände an, die oft die Form eines Zylinders haben.

☒ geschlossene Konservendose ☒ neuer, nicht angespitzter Bleistift ☐ Kugelschreiber
☒ Säulen an alten Gebäuden ☒ Besenstiel ☐ Milchverpackung

b) Nenne fünf zylinderförmige Gegenstände aus deiner Umgebung.

individuelle Lösung

3 Ein zylinderförmiger Körper wurde von oben fotografiert (in der Draufsicht). Was kann auf dem Foto zu sehen sein? Kreuze an.

☒ Kreis ☐ Dreieck ☒ Viereck ☐ Fünfeck ☒ Rechteck ☒ Quadrat

4 Ergänze jeweils zu Schrägbildern von gleich großen Kreidestücken und gib deren Maße an.
Hinweis: Zeichne die passenden Kreise wie im Grundwissen.

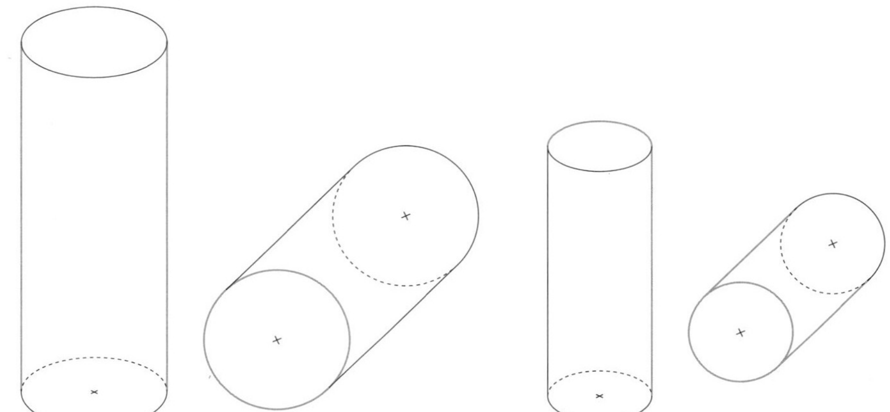

Höhe des Zylinders: 7 cm
Radius der Grundfläche: 1,4 cm

Höhe des Zylinders: 5 cm
Radius der Grundfläche: 1 cm

Anwenden und Vernetzen

5 Von mehreren Grundformen von Körpern wurden die Sicht von oben (Draufsicht) und die von der Seite (Seitenansicht) im Maßstab 1 : 1 abgebildet. Abbildungen mit der gleichen Nummer gehören zum gleichen Körper.

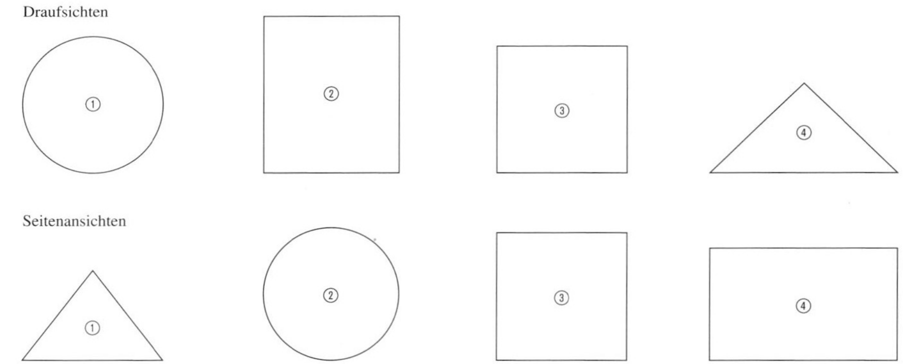

Kegel | Zylinder | Würfel; Quader; Prisma | Prisma

a) Ergänze die Namen der Grundformen.
Zusatzaufgabe: Gib, wenn möglich, mehrere passende Bezeichnungen an.

b) Zeichne rechts ein Schrägbild vom Körper ②.

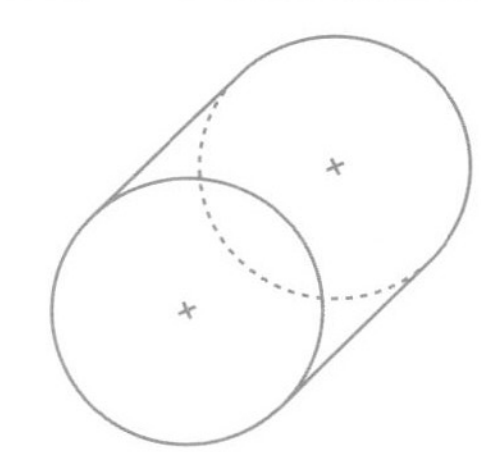

Oberflächeninhalte von Zylindern

▶ Grundwissen

- Für dem Oberflächeninhalt A_O gilt:

$A_O = 2G_Z + M_Z = 2 \cdot r^2 \cdot \pi + 2 \cdot r \cdot \pi \cdot h = 2\pi r(r+h)$

$A_G = r^2 \cdot \pi$

$A_M = 2 \cdot r \cdot \pi \cdot h$

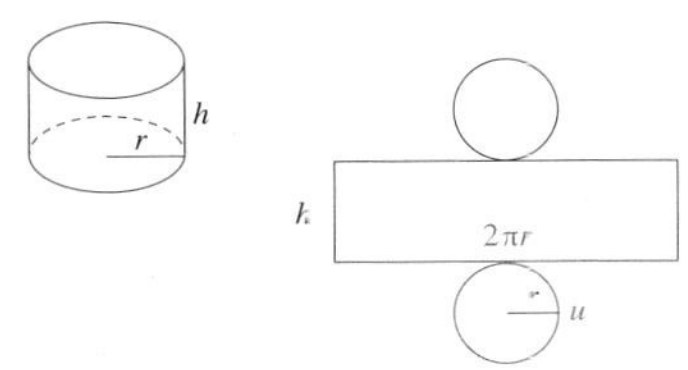

▶ Auftrag: Ergänze die Formeln.

Trainieren

1 Netz und Oberflächeninhalt eines Zylinders

a) Vervollständige das Netz des abgebildeten Zylinders im Maßstab 1 : 100.

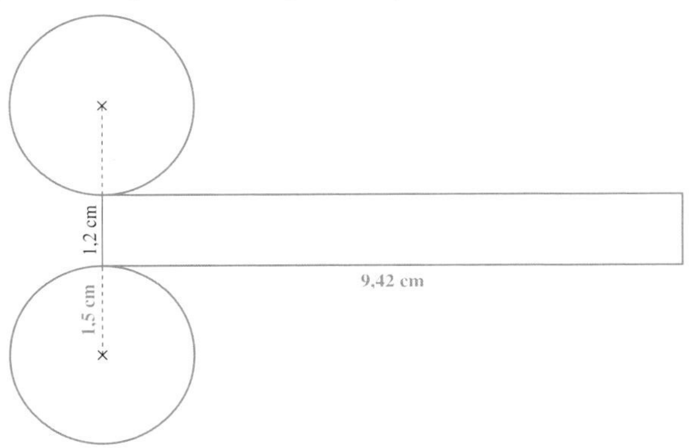

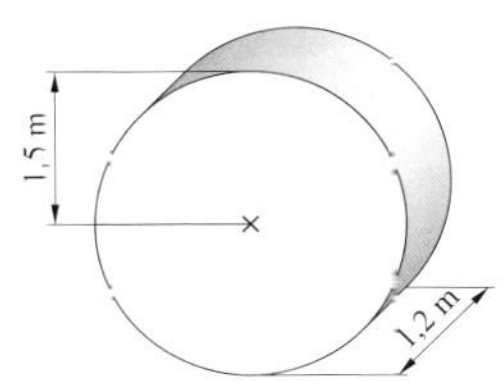

b) Gib den Flächeninhalt einer Grundfläche, der Mantelfläche und der Oberfläche des Zylinders an.

$A_G = r^2 \cdot \pi = (1{,}5\ \text{m})^2 \cdot \pi \approx 7{,}07\ \text{m}^2$

$A_M = 2 \cdot \pi \cdot r \cdot h = 2 \cdot 1{,}5\ \text{m} \cdot \pi \cdot 1{,}2\ \text{m} \approx 11{,}31\ \text{m}^2$

$A_O = 2A_G + A_M = 2 \cdot 7{,}07\ \text{m}^2 + 11{,}31\ \text{m}^2 = 25{,}45\ \text{m}^2$

2 Vervollständige die Tabelle.

Radius	Durchmesser	Flächeninhalt der Grundfläche	Höhe	Flächeninhalt der Mantelfläche	Flächeninhalt der Oberfläche
17 cm	34 cm	907,92 cm²	5,5 cm	587,48 cm²	2 403,32 cm²
1,2 m	2,4 m	4,52 m²	70 cm	5,28 m²	14,32 m²
0,3 cm	0,6 cm	0,28 cm²	5,6 m	1 055,58 cm²	1 056,14 cm²
74 mm	148 mm	17 203,36 mm²	12 mm	5 579,47 mm²	39 986,19 mm²

3 Grundflächen und Mantelflächen

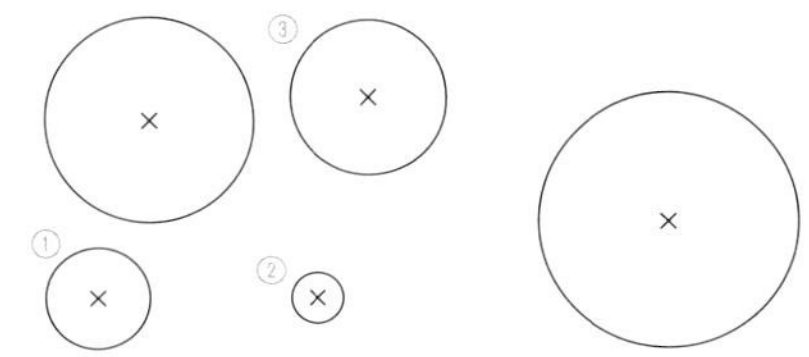

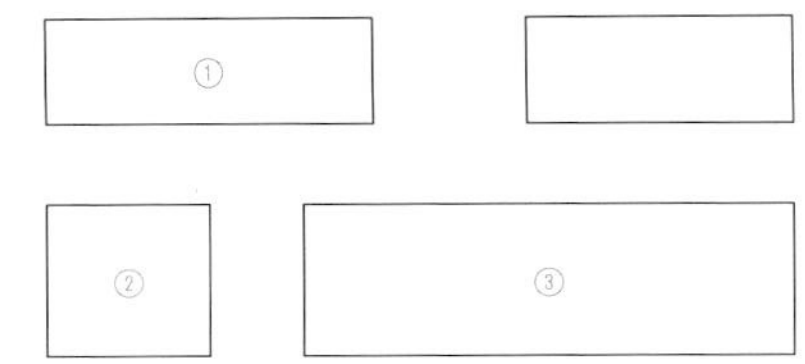

a) Zu welchen drei Grundflächen von Zylindern sind passende Mantelflächen abgebildet?

b) Berechne die Oberflächeninhalte der Zylinder aus Teilaufgabe **a**.
Runde die Endergebnisse auf volle Quadratzentimeter.

Zylinder ①: $A_O = 2 \cdot \pi \cdot (0{,}5\ \text{cm})^2 + 2 \cdot \pi \cdot 0{,}5\ \text{cm} \cdot 1\ \text{cm} \approx 4{,}71\ \text{cm}^2 \approx 5\ \text{cm}^2$

Zylinder ②: $A_O = 2 \cdot \pi \cdot (0{,}25\ \text{cm})^2 + 2 \cdot \pi \cdot 0{,}25\ \text{cm} \cdot 1{,}5\ \text{cm} \approx 2{,}75\ \text{cm}^2 \approx 3\ \text{cm}^2$

Zylinder ③: $A_O = 2 \cdot \pi \cdot (0{,}75\ \text{cm})^2 + 2 \cdot \pi \cdot 0{,}75\ \text{cm} \cdot 1\ \text{cm} \approx 10{,}60\ \text{cm}^2 \approx 11\ \text{cm}^2$

c) Zu zwei Grundflächen passt keine der Mantelflächen.
Wie lang müsste das übrig gebliebene Rechteck sein, damit es die zugehörige Mantelfläche ist?

Rund 6,28 cm bzw. 7,85 cm müsste die Mantelfläche des Zylinders lang sein.

Anwenden und Vernetzen

4 Eine Litfaßsäule hat einen Durchmesser von 1,2 m. Ihre Klebefläche ist 3 m hoch.
Wie viele bedruckte DIN-A4-Blätter könnten darauf höchstens geklebt werden, ohne dass deren Inhalte verdeckt sind?
Hinweis: Jede Seite des Arbeitsheftes hat DIN-A4-Format.

Flächeninhalt eines DIN-A4-Blattes: $21{,}0\ \text{cm} \cdot 29{,}7\ \text{cm} = 623{,}7\ \text{cm}^2$

Flächeninhalt der Klebefläche: $2\pi \cdot 60\ \text{cm} \cdot 300\ \text{cm} \approx 113\,097{,}34\ \text{cm}^2$

$113\,097{,}34\ \text{cm}^2 : 623{,}7\ \text{cm}^2 \approx 181{,}33$

Rund 180 DIN-A4-Blätter könnten darauf geklebt werden, ohne dass deren Inhalte verdeckt sind.

5 Um einen Zylinder wurde in zwei vollständigen Umläufen eine Schnur gewunden.
Er hat eine Höhe von $h = 3$ m und einen Durchmesser von $d = 50$ cm.
Im Bild sind der Zylinder und sein abgewickelter Mantel skizziert.

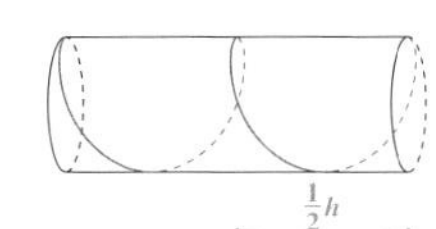

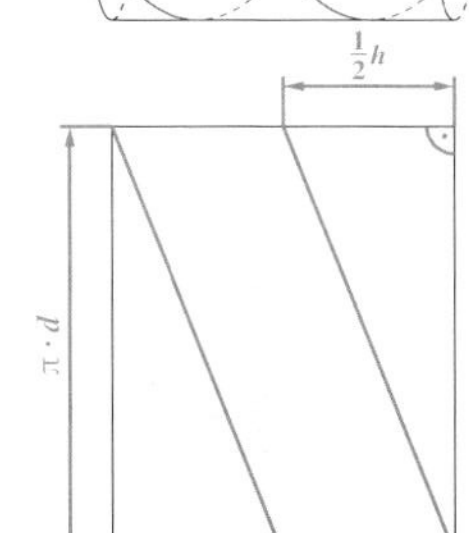

a) Gib den Oberflächeninhalt des Zylinders an.

$A_O = 2 \cdot \pi \cdot r^2 + 2\pi r \cdot h = 2 \cdot \pi \cdot (0{,}25\ \text{m})^2 + 2\pi \cdot 0{,}25\ \text{m} \cdot 3\ \text{m} \approx 5{,}11\ \text{m}^2$

Der Oberflächeninhalt des Zylinders beträgt rund 5,11 m².

b) Zeichne den Verlauf der Schnur in den abgewickelten Zylindermantel ein.

c) Kreuze die Länge der Schnur an.

☐ ca. 3 m ☒ ca. 4 m ☐ ca. 5 m ☐ ca. 6 m

Volumen von Zylindern

▶ Grundwissen

Das Volumen V eines Zylinders ist das Produkt des Flächeninhalts der Grundfläche A_G und der Körperhöhe h_k.

$V = A_G \cdot h_k$ $\qquad A_G = \pi \cdot r^2$

$V = \pi \cdot r^2 \cdot h_k$

Beispiel: $V =$ $3{,}5\ cm^2 \cdot 2{,}5\ cm = 8{,}75\ cm^3$

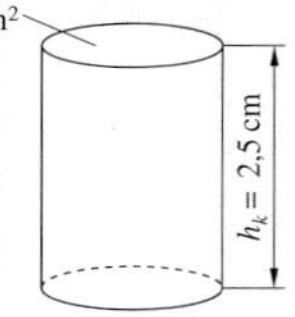

▶ Auftrag: Ergänze das Beispiel.

Trainieren

1 Abgebildet sind Grundflächen von 4 cm hohen Zylindern.
Ermittle jeweils den Flächeninhalt der Grundflächen A_G und das Volumen V.

a) 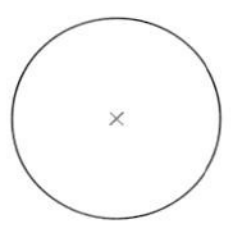

$A_G \approx$ 3,1 cm²

$V \approx$ 12,6 cm³

b) 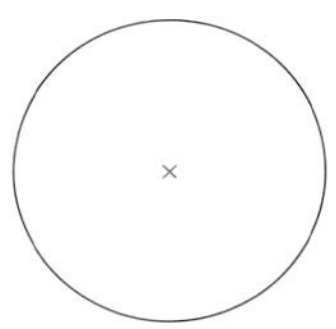

$A_G \approx$ 7,1 cm²

$V \approx$ 28,3 cm³

c) 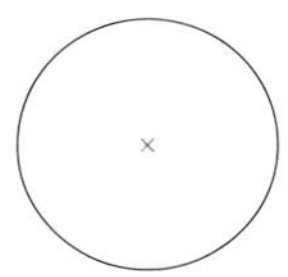

$A_G \approx$ 4,9 cm²

$V \approx$ 19,6 cm³

Ergebnisse zum Abstreichen:
3,1
4,9
7,1
12,6
19,6
28,3
13,7

2 Ergänze die Tabelle für Zylinder.

Radius	Durchmesser	Grundfläche	Höhe	Volumen
5 cm	10 cm	78,54 cm²	8 cm	628,32 cm³
2,5 mm	5 mm	19,63 mm²	3,2 mm	62,82 mm³
6,2 m	12,4 m	120,76 m²	15,32 m	1 850,04 m³
1 dm	2 dm	3,14 dm²	3,6 dm	11,30 dm³

3 Aus einem Glas wurde mehrmals getrunken. Anfangs waren 200 ml Wasser darin (1. Bild).

a) Schätze, wie viel Wasser jeweils im Glas ist.

1. Bild	2. Bild	3. Bild	4. Bild	5. Bild
200 ml	175 ml	150 ml	100 ml	50 ml

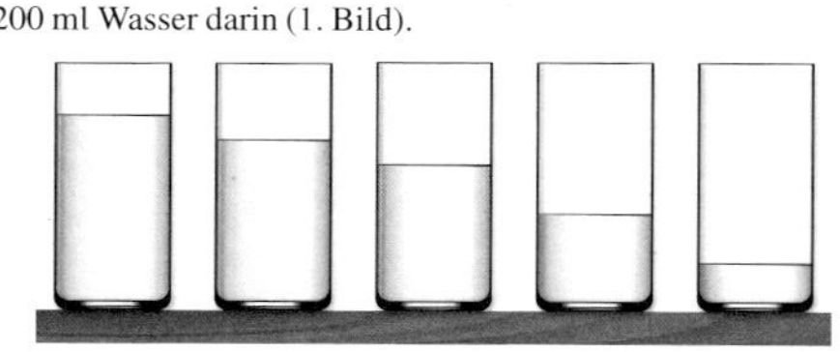

b) Gib Innenlängen von Gläsern an, die genau 200 ml fassen.
Hinweis: Prüft gegenseitig die vorgeschlagenen Möglichkeiten.
z. B.
1. Möglichkeit: $h = 10\ cm$ $\quad r \approx 2{,}5\ cm$ $\quad (A_G \approx 20\ cm^2)$

2. Möglichkeit: $h = 8\ cm$ $\quad r \approx 2{,}8\ cm$ $\quad (A_G \approx 25\ cm^2)$

4 Zwei zylinderförmige Kochtöpfe sind gleich hoch.
Der Durchmesser des zweiten Topfes ist doppelt so groß wie der des kleineren.

a) Berechne die Volumen beider Töpfe, wenn der kleinere 12 cm hoch ist und einen Durchmesser von 13 cm hat. Gib die Ergebnisse in Litern an.

kleinerer Topf: $\pi \cdot (6{,}5\ cm)^2 \cdot 12\ cm \approx 1\,600\ cm^3 \approx 1{,}6\ l$

größerer Topf: $\pi \cdot (13\ cm)^2 \cdot 12\ cm \approx 6\,400\ cm^3 \approx 6{,}4\ l$

b) Wievielmal größer ist das Volumen des größeren Topfes vermutlich?
Zusatzaufgabe: Begründe deine Vermutung.

Vermutung: 4-mal

Begründung: $V_{groß} = \pi \cdot (2r)^2 \cdot h = 4 \cdot (\pi \cdot r^2 \cdot h) = 4 \cdot V_{klein}$

5 Eine zylinderförmige Regentonne soll laut Etikett ein Fassungsvermögen von 0,5 m³ haben.
Als Höhe sind auf der Regentonne 1,10 m eingeprägt und als Durchmesser 76 cm.

a) Passt das Etikett zu der Regentonne?

$\pi \cdot (0{,}38\ m)^2 \cdot 1{,}1\ m \approx 0{,}5\ m^3$

Das Etikett passt zu der Regentonne, wenn die Innenmaße eingeprägt wurden.

b) An einem Tag wird die bis dahin leere Tonne halb voll.
Wie viel Wasser ist in der Tonne?

$0{,}5\ m^3 : 2 = 0{,}25\ m^3 = 250\ l$

Rund 0,25 m³ Wasser ist in der Tonne.

Anwenden und Vernetzen

6 Das in der Zeichnung dargestellte Werkstück wurde an der Dreh- und Fräsmaschine gefertigt.
Als Rohling wurde ein Zylinder mit einem Durchmesser von $d = 40$ mm und einer Höhe von $h = 55$ mm verwendet.

a) Berechne das Volumen V des Werkstückes.
Hinweis: Zerlege das Werkstück in drei Teilkörper.

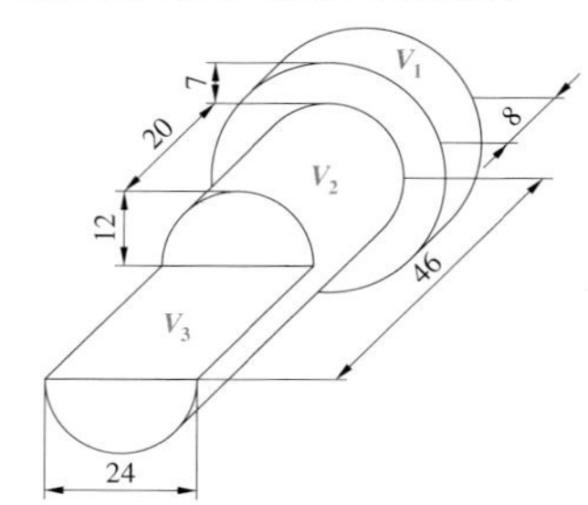

$V = V_1 + V_2 + V_3$
$V = \pi \cdot r_1^2 \cdot h_1 + \pi \cdot r_2^2 \cdot h_2 + 0{,}5 \cdot \pi \cdot r_3^2 \cdot h_3$
$V = \pi \cdot (19\ mm)^2 \cdot 8\ mm + \pi \cdot (12\ mm)^2 \cdot 20\ mm$
$\quad + 0{,}5 \cdot \pi \cdot (12\ mm)^2 \cdot 26\ mm$
$V = \pi \cdot 2\,888\ mm^3 + \pi \cdot 2\,880\ mm^3 + \pi \cdot 1\,872\ mm^3$
$V = \pi \cdot 7\,640\ mm^3 \approx 24\,001{,}77\ mm^3 \approx 24{,}00\ cm^3$

Das Werkstück hat ein Volumen von rund 24 cm³.

b) Wie viel Prozent vom Rohling (Zylinder) wurden zu Abfall?

Volumen des Rohlings: $V_R = \pi \cdot (20\ mm)^2 \cdot 55\ mm \approx 69{,}12\ cm^3$

Volumen des Abfalls: $V_A = V_R - V = 69{,}12\ cm^3 - 24{,}00\ cm^3 = 45{,}12\ cm^3$

$45{,}12\ cm^3 : 69{,}12\ cm^3 \approx 0{,}65 = 65\ \%$ Der Abfall beträgt etwa 65 %.

Kapitel Lineare Gleichungssysteme

1 Lösungen von Gleichungen mit zwei Variablen

a) Ermittle die Lösung rechnerisch und grafisch.

I $8y + 4x = 680$ $(y = -0{,}5x + 85)$
II $y = x - 5$

Einsetzungsverfahren:
$8 \cdot (x-5) + 4x = 680$
$8x - 40 + 4x = 680$ | +40
$12x = 720$ | : 12
$x = 60$

$y = 60 - 5$
$y = 55$ Lösung: (60 | 55)

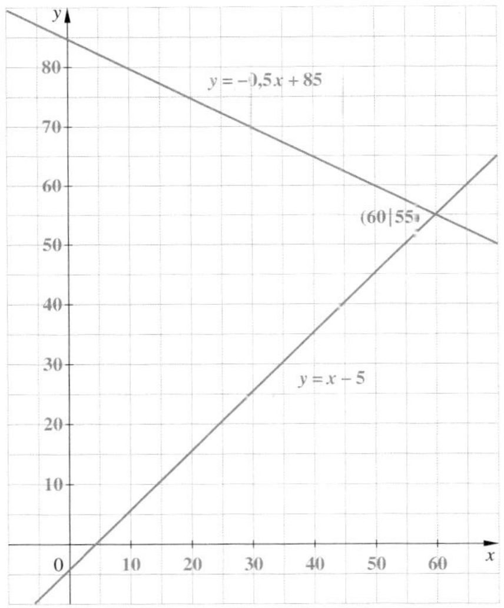

b) Kreuze die wahre Aussage an und begründe.
☐ (40 | 65) ist eine Lösung des Gleichungssystems.
☒ (40 | 35) ist eine Lösung einer der Gleichungen.

z. B.
Die Aussage ist wahr, da der Punkt (40 | 35) auf der Geraden zu $y = x - 5$ liegt. (bzw. $35 = 40 - 5$) ($40 \neq 65 - 5$)

2 Ermittle die Lösungen.

a) I $15x = 81 - 17y$
II $15x = -3 + 11y$

b) I $2x - 3y = 1$
II $-2x + 3y = -1$

c) I $2y = 8 - x$
II $8y = x$

z. B.

Gleichsetzungsverfahren		Additionsverfahren	Einsetzungsverfahren	
$81 - 17y = -3 + 11y$	$\vert +17y + 3$	$0 = 0$	$2y = 8 - 8y$	$\vert +8y$
$84 = 28y$	$\vert : 28$	(Die Aussage ist wahr.	$10y = 8$	$\vert : 10$
$3 = y$		Es gibt demzufolge un-	$y = 0{,}8$	
		endlich viele Lösungen.)		
$15x = -3 + 11 \cdot 3$			$x = 8 \cdot 0{,}8$	
$15x = 30$	$\vert : 15$		$x = 6{,}4$	
$x = 2$				
Lösung: (2 | 3)		Lösung: $(x \mid \frac{2}{3}x - \frac{1}{3})$	Lösung: (6,4 | 0,8)	

3 Die Summe zweier Zahlen ist 99. Ihre Differenz ist 63.

a) Kreuze die passenden Gleichungssysteme an.

☒ I $x + y = 99$, II $x - y = 63$
☐ I $36 = x + y$, II $x = 99 - y$
☐ I $99 - x = x + y$, II $y - x = 36$
☒ I $99 = x + y$, II $x = 63 + y$

b) Ermittle beide Zahlen.

$99 = (63 + y) + y$
$99 = 63 - 2y$ | −63
$-36 = -2y$ | : (−2)
$18 = y$ $x = 63 + 18 = 81$

18 und 81 sind die gesuchten Zahlen.

Kapitel Ähnlichkeit

1 Kreuze die im geometrischen Sinn zueinander ähnlichen Figuren an.

☒ ☐ ☐ ☐ ☐ ☒

2 Das Streckungszentrum ist der Punkt Z und der Streckungsfaktor ist $k = \frac{1}{4}$.
Zeichne das entsprechende Bild der Figur.

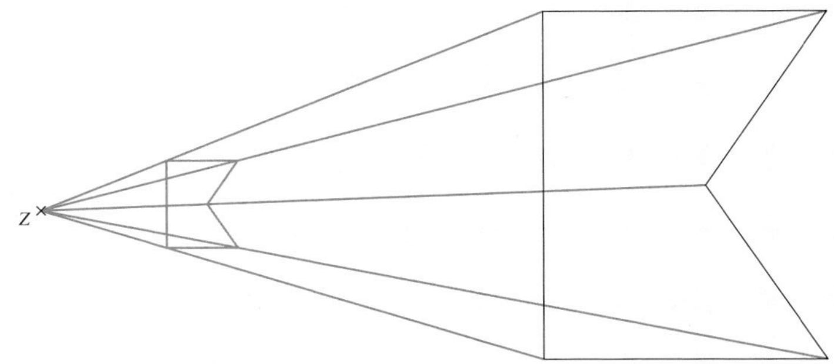

3 Berechne x und y.

$\frac{y}{2} = \frac{10}{6}$ | · 2
$y = \frac{10}{3} \approx 3{,}3$

$\frac{x}{\frac{10}{3}} = \frac{9}{10}$ | · $\frac{10}{3}$
$x = 3$

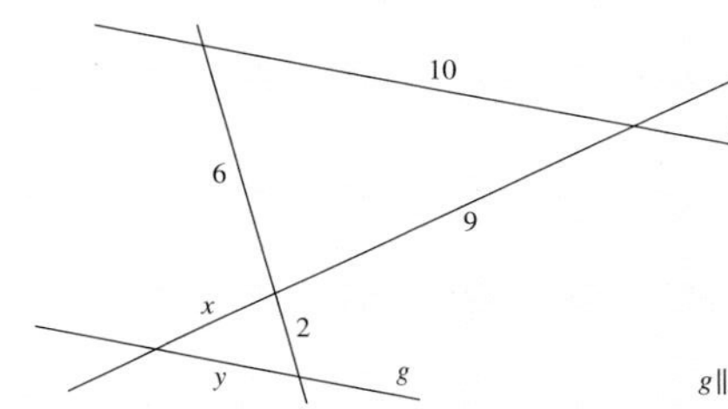

4 Die Höhe von Türmen kann mithilfe von zwei Stäben näherungsweise ermittelt werden.
Betrachte die Skizze und berechne die Höhe des Turms.

$\frac{x}{15\,m} = \frac{40\,cm}{60\,cm}$ | · 15 m
$x = 10\,m$

$10\,m + 1{,}5\,m = 11{,}5\,m$

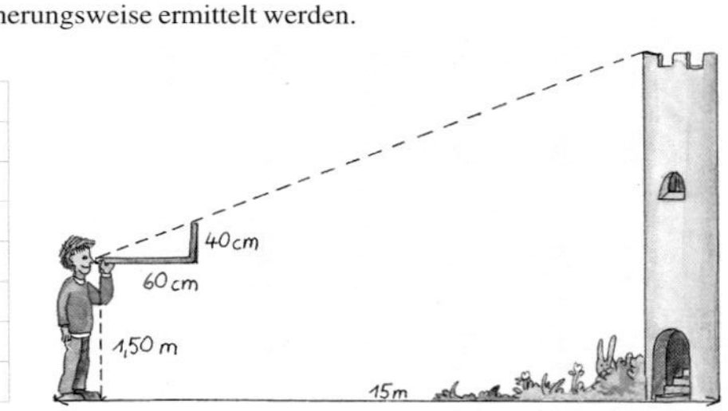

Der Turm ist etwa 11,5 m hoch.

Kapitel Satz des Pythagoras

1 Ist das Dreieck mit den angegebenen Seitenlängen rechtwinklig?
Begründe deine Antwort mithilfe einer Rechnung.

a) $x = 9\,\text{cm}; y = 15\,\text{cm}; z = 12\,\text{cm}$ ☒ rechtwinklig ☐ nicht rechtwinklig

$(9\,\text{cm})^2 + (12\,\text{cm})^2 = 225\,\text{cm}^2$ $(15\,\text{cm})^2 = 225\,\text{cm}^2$

b) $s = 2\,\text{cm}; t = 3\,\text{cm}; u = 4\,\text{cm}$ ☐ rechtwinklig ☒ nicht rechtwinklig

$(2\,\text{cm})^2 + (3\,\text{cm})^2 = 13\,\text{cm}^2$ $(4\,\text{cm})^2 = 16\,\text{cm}^2$

c) $a = 7{,}8\,\text{cm}; b = 2{,}2\,\text{cm}; c = 8\,\text{cm}$ ☐ rechtwinklig ☒ nicht rechtwinklig

$(7{,}8\,\text{cm})^2 + (2{,}2\,\text{cm})^2 = 65{,}68\,\text{cm}^2$ $(8\,\text{cm})^2 = 64\,\text{cm}^2$

2 Konstruiere ein Dreieck ABC mit
$c = 8\,\text{cm}$;
$h_c = 3{,}5\,\text{cm}$ und
$\gamma = 90°$.
Beschrifte es.
Hinweis: Nutze einen Zirkel zum Zeichnen eines Halbkreises und ein Geodreieck zum Zeichnen einer Parallelen zu c.

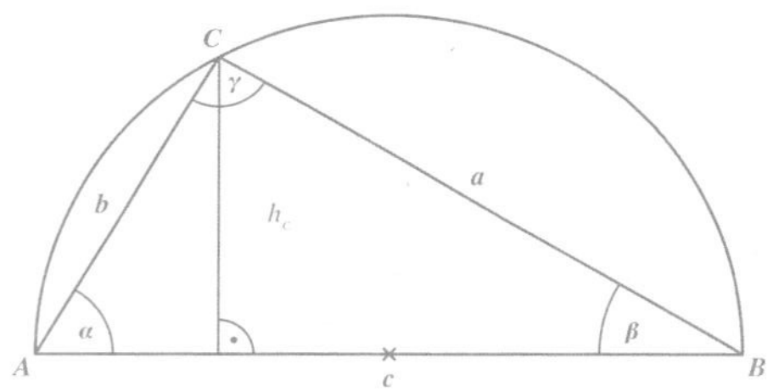

3 Dreiecke im Halbkreis

a) Kreuze die richtig aufgestelle Gleichung an.

☐ $a^2 + a^2 = b^2$

☐ $a^2 + a^2 = a^2$

☒ $(2a)^2 = a^2 + b^2$

☐ $2a^2 = a^2 + b^2$

b) Ergänze die gesuchte Winkelgröße.

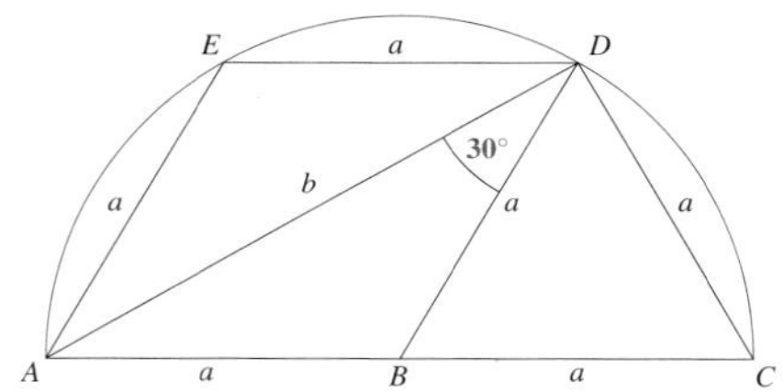

4 „Rasenlatscher" sind Fußgänger, die gerne Wege abkürzen, indem sie statt auf den angelegten Wegen über den Rasen laufen.
Zwei Wege verlaufen senkrecht zueinander. 10 m vor der Kreuzung verlässt ein Fußgänger einen der Wege und kommt 12 m dahinter auf dem anderen an.
Wie viele Schritte spart der „Rasenlatscher" mit einer durchschnittlichen Schrittlänge von 75 cm?
Hinweis: Fertige eine Skizze an. individuelle Skizze

$c^2 = (12\,\text{m})^2 + (10\,\text{m})^2$ (Anwenden des Satzes des Pythagoras)
$c \approx 15{,}62\,\text{m}$
$12\,\text{m} + 10\,\text{m} - 15{,}62\,\text{m} = 6{,}38\,\text{m}$
$6{,}38\,\text{m} : 0{,}75\,\text{m} \approx 8{,}51$

Der „Rasenlatscher" spart 8 bis 9 Schritte.

Kapitel Zweistufige Zufallsexperimente

1 Clas versucht zwei Frösche in eine große Tasse springen zu lassen.
Die Frösche landen erfahrungsgemäß mit einer Wahrscheinlichkeit von 40 % in der Tasse.

a) Beschrifte das Baumdiagramm.

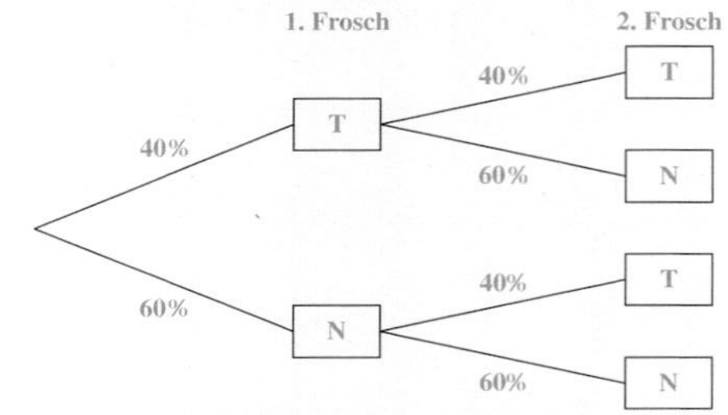

b) Mit welcher Wahrscheinlichkeit landen die beiden Frösche in der Tasse?

$0{,}4 \cdot 0{,}4 = 0{,}16 = 16\,\%$

c) Mit welcher Wahrscheinlichkeit landet mindestens ein Frosch in der Tasse?

$0{,}4 \cdot 0{,}4 + 0{,}4 \cdot 0{,}6 + 0{,}6 \cdot 0{,}4 = 0{,}64 = 64\,\%$

d) Mit welcher Wahrscheinlichkeit landet nur der zweite Frosch in der Tasse?

$0{,}6 \cdot 0{,}4 = 0{,}24 = 24\,\%$

2 Frau Chung hat Reis, Nudeln,
gebackenes Hähnchen, gebackene Ente,
Pilze mit Gemüse und Ananas mit Gemüse im Angebot.

a) Ermittle mithilfe von zwei Baumdiagrammen, wie viele Gerichte vermutlich auf der Speisekarte stehen werden.
Jedes Gericht besteht entweder aus einer einfachen Portion Reis oder Nudeln und einer oder zwei der anderen Komponenten, die dazukommen.

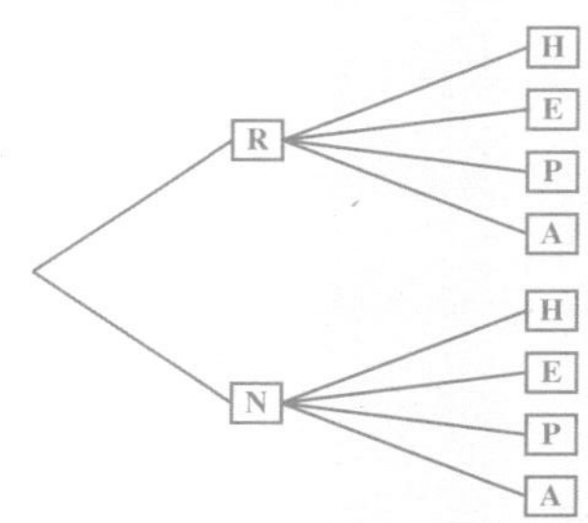

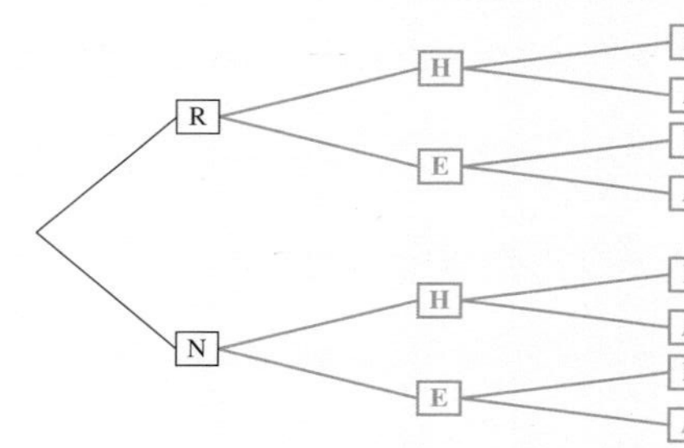

16 Gerichte stehen vermutlich auf der Speisekarte.

b) Jedes Gericht hat eine andere Nummer (1; 2; 3; 4; 5; …).
Die Nummern wurden nach dem Zufallsprinzip und ohne System vergeben.
Mit welcher Wahrscheinlichkeit ist das erste Gericht mit gebackener Ente?

$\frac{6}{16} = \frac{3}{8}$

Kapitel Vom Vieleck zum Kreis

1 Ergänze die fehlenden Angaben.

Münzen	Radius	Durchmesser	Umfang	Flächeninhalt
2 €	12,875 mm	25,76 mm	80,90 mm	521 mm²
1 €	11,631 mm	23,25 mm	73,08 mm	425 mm²
50 ct	1,213 cm	2,426 cm	7,62 cm	4,62 cm²

2 Ermittle jeweils Umfang und Flächeninhalt der Figuren.

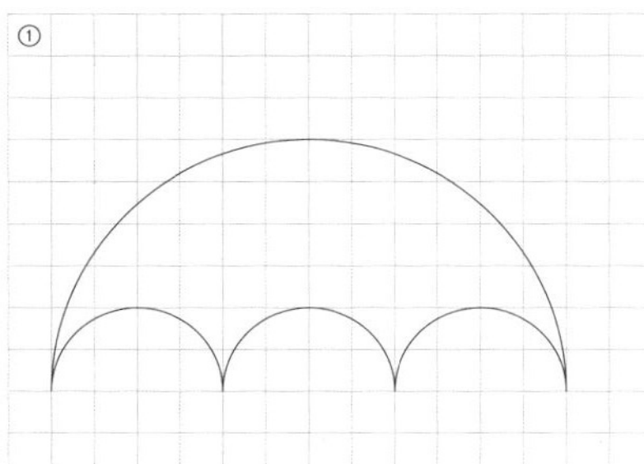

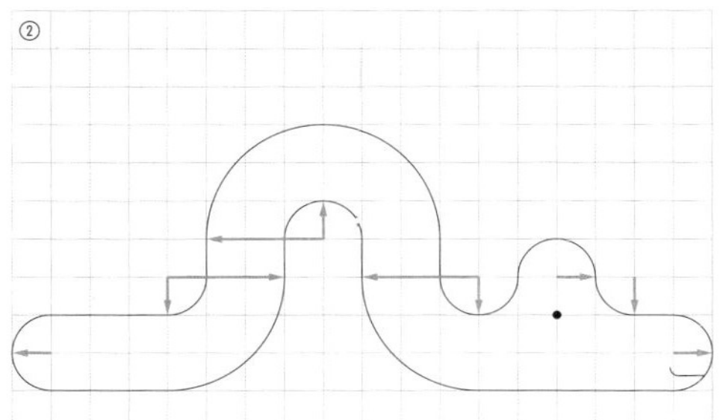

Umfang von Figur ①:

$3 \cdot \pi \cdot 2\,cm : 2 + \pi \cdot 6\,cm : 2 \approx 18{,}85\,cm \approx 19\,cm$

Flächeninhalt von Figur ①:

$\pi \cdot 3\,cm \cdot 3\,cm : 2 - 3 \cdot \pi \cdot 1\,cm \cdot 1\,cm : 2 \approx 9{,}42\,cm^2 \approx 9{,}4\,cm^2$

Umfang von Figur ②:

$\left(\frac{1}{2}+\frac{1}{4}+\frac{1}{2}+\frac{1}{2}+\frac{1}{4}+\frac{1}{2}+\frac{1}{2}\right) \cdot \pi \cdot 1\,cm + \left(\frac{1}{4}+\frac{1}{4}+\frac{1}{2}\right) \cdot \pi \cdot 3\,cm + 8\,cm \approx 27\,cm$

Flächeninhalt von Figur ②:

$\pi \cdot 1{,}5 \cdot 1{,}5\,cm^2 + 1 \cdot 1{,}5\,cm^2 + 2 \cdot 0{,}5 \cdot 1\,cm^2 + 1{,}5 \cdot 2\,cm^2 + 0{,}5 \cdot 1\,cm^2 \approx 13\,cm^2$

3 Eine Wendeltreppe besteht aus 19 Stufen, die 20 cm hoch sind. Bei einer Renovierung sollen die Trittflächen nachlackiert werden.
Ein dünner durchgehender Lichtschlauch wird nachträglich am Außenrand zur Beleuchtung angebaut.

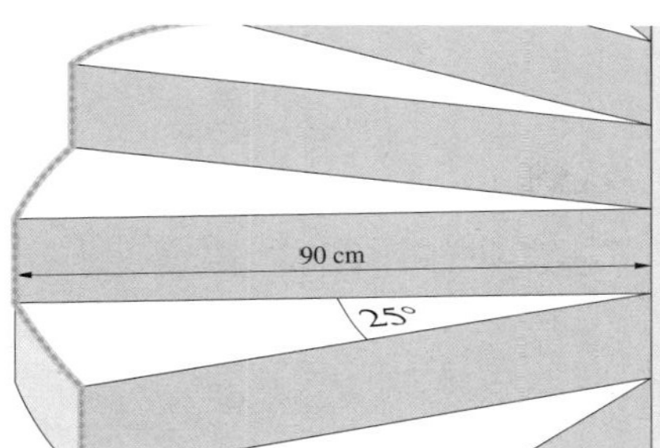

a) Wie groß ist die zu lackierende Fläche?

$19 \cdot \left(\pi \cdot (0{,}9\,m)^2 \cdot \frac{25°}{360°}\right) \approx 3{,}36\,m^2$

Rund 3,36 m² sind zu lackieren.

b) Wie viel Meter Lichtschlauch werden benötigt?

$19 \cdot \left(\pi \cdot 0{,}9\,m \cdot \frac{25°}{180°} + 0{,}2\,m\right) \approx 11{,}26\,m$

Rund 11,26 m Lichtschlauch werden benötigt.

Kapitel Zylinder

1 Netz und Schrägbild von Zylindern

a) Vervollständige das Netz eines 1,5 cm hohen Zylinders.

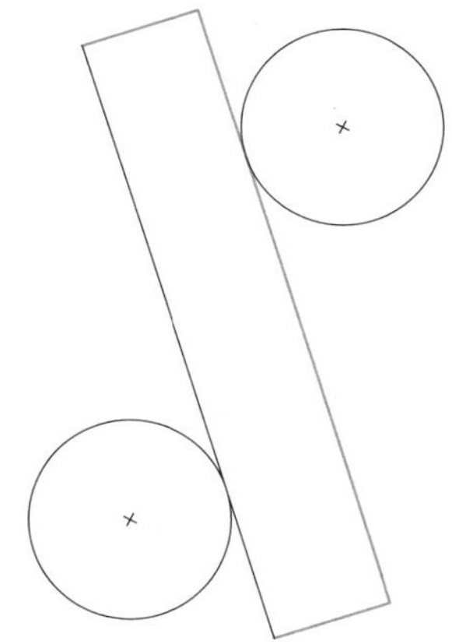

b) Vervollständige das Schrägbild eines 5 cm hohen Zylinders mit 4 cm Durchmesser.

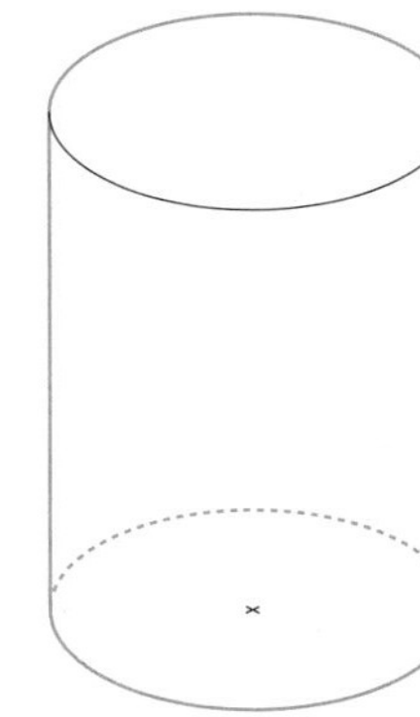

2 Nenne drei alltägliche Gegenstände, die oft die Form eines Zylinders haben.
z. B.
Bleistift; Konservendose; Münze

3 Den Mantel eines Zylinders bildet ein 10 cm langes und 20 cm breites Rechteck.

a) Wie hoch kann der Zylinder sein?

Der Zylinder kann entweder 10 cm oder 20 cm hoch sein.

b) Kreuze die möglichen Größen der Grundflächen an.

☐ $d \approx 9{,}15\,cm$ ☒ $h = 10\,cm$, $d \approx 6{,}37\,cm$ ☒ $h = 20\,cm$, $d \approx 3{,}18\,cm$
☒ $h = 10\,cm$, $A_G \approx 7{,}96\,cm^2$ ☐ $A_G \approx 22{,}68\,cm^2$ ☒ $h = 20\,cm$, $A_G \approx 31{,}83\,cm^2$

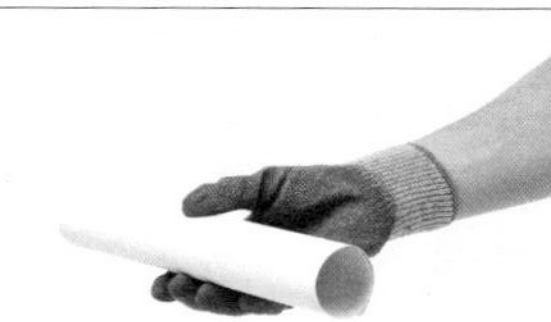

c) Berechne beide möglichen Oberflächeninhalte und Volumen.
Runde die Endergebnisse auf volle Quadrat- bzw. Kubikzentimeter.

20 cm hoher Zylinder: $A_O = 2 \cdot 31{,}83\,cm^2 + 200\,cm^2 \approx 264\,cm^2$ $V = 31{,}83\,cm^2 \cdot 10\,cm \approx 318\,cm^3$

10 cm hoher Zylinder: $A_O = 2 \cdot 7{,}96\,cm^2 + 200\,cm^2 \approx 216\,cm^2$ $V = 7{,}96\,cm^2 \cdot 20\,cm \approx 159\,cm^3$

Der Oberflächeninhalt beträgt entweder 264 cm² oder 216 cm² und das Volumen entweder 318 cm³ oder 159 cm³.

d) Der Mantel wird halbiert, sodass ein halb so großes Rechteck vorliegt.
Die Grundfläche bleibt unverändert.
Überlege, wie sich dadurch der Oberflächeninhalt und das Volumen ändern.

Der Oberflächeninhalt wird um 100 cm² kleiner, denn 10 cm · 10 cm = 5 cm · 20 cm = 100 cm².

Das Volumen wird halbiert, denn die Grundfläche bleibt unverändert und die Körperhöhe wird halbiert ($V = A_G \cdot h$).

Jahrgangsstufentest

1 Zentrische Streckung mit Streckungszentrum Z

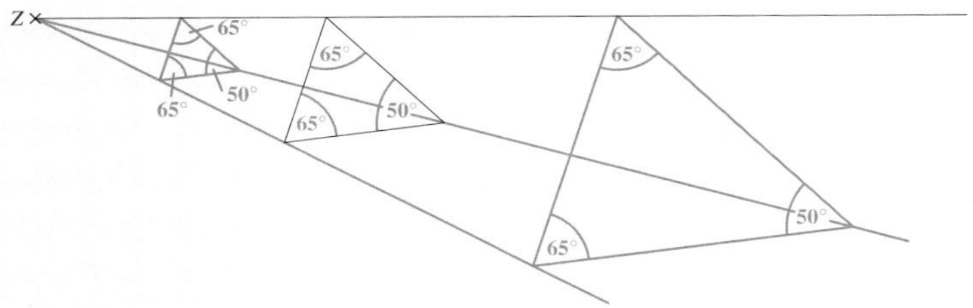

a) Zeichne mithilfe der zentrischen Streckung ein Dreieck mit doppelt so langen Seiten und ein Dreieck mit halb so langen Seiten wie beim gelben Dreieck.

b) Begründe mithilfe der Winkelgrößen, warum alle drei Dreiecke aus Teilaufgabe **a** zueinander ähnlich sind.

Sie sind zueinander ähnlich, weil zwei Winkel gleich groß sind.

2 Berechne jeweils die Breite der Seen.

a)

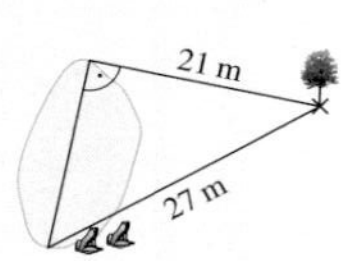

$x^2 + (21\,m)^2 = (27\,m)^2$

$x = \sqrt{(27\,m)^2 + (21\,m)^2} \approx 16{,}97\,m$

Der See ist etwa 17 m breit.

b)

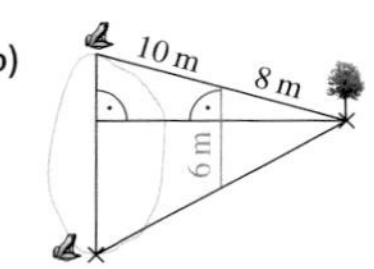

$\frac{y}{6\,m} = \frac{18\,m}{8\,m} \quad |\cdot 6\,m$

$y = \frac{18\,m}{8\,m} \cdot 6\,m = 13{,}5\,m$

Der See ist etwa 13,5 m breit.

3 Familie Krüger hat einen dünnwandigen zylinderförmigen Pool mit 3 m Durchmesser und einer Höhe von 80 cm.

a) Wie viele Quadratmeter beträgt die Stellfläche des Pools?

$\pi \cdot r^2 = \pi \cdot (1{,}5\,m)^2 \approx 7{,}07\,m^2$ Rund 7 m² beträgt die Stellfläche des Pools.

b) Die seitliche Wand des Pools entsteht aus einem Rechteck. Zwei gegenüberliegende Seiten berühren einander. Gib die Maße des Rechtecks an.

$2 \cdot \pi \cdot r = 2 \cdot \pi \cdot 1{,}5\,m \approx 9{,}42\,m$ Die Seiten sind 0,8 m und rund 9,42 m lang.

c) Wie viel Liter Wasser sind im Pool, wenn das Wasser 70 cm hoch steht?

$\pi \cdot r^2 \cdot h = \pi \cdot (15\,dm)^2 \cdot 7\,dm \approx 4948\,dm^3 = 4948\,l$ Rund 4948 l Wasser sind bei einer Höhe von 70 cm im Pool.

4 Frau Mosch zahlt im Freibad 14,75 € Eintritt für sich und ihre beiden Kinder.
Herr Krüger zahlt für zwei Erwachsene und drei Kinder 25,30 €.
Kinder und Jugendliche bis 16 Jahre zahlen gleich viel. Ermittle den Gesamtpreis für fünf Jugendliche.

Mosch: $2x + y = 14{,}75$ $(y = 14{,}75 - 2x)$
Krüger: $3x + 2y = 25{,}3$
x steht für den Preis pro Kind.
y steht für den Preis pro Erwachsenen.

$3x + 2 \cdot (14{,}75 - 2x) = 25{,}3$
$3x + 29{,}5 - 4x = 25{,}3$
$29{,}5 - x = 25{,}3 \quad | + x$
$29{,}5 = 25{,}3 + x \quad | - 25{,}3$
$4{,}20 = x$
$5 \cdot 4{,}20 = 21$

Fünf Jugendliche zahlen zusammen 21 € Eintritt.

5 Aus der Packung werden Eier genommen. Die Auswahl ist zufällig. Genau drei der Eier sind angeschlagen.
Gib die Wahrscheinlichkeiten folgender Ereignisse in Prozent an.
Hinweis: Zeichne ein Baumdiagramm auf ein zusätzliches Blatt.

z. B.

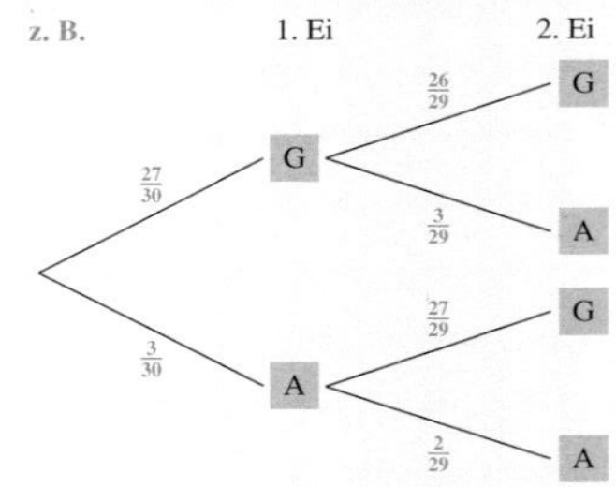

a) Das zuerst genommene Ei ist angeschlagen. $\frac{3}{30} = \frac{1}{10} = 10\,\%$

b) Das zuerst genommene Ei ist ganz. $100\,\% - 10\,\% = 90\,\%$

c) Das erste und das zweite Ei sind angeschlagen. $\frac{3}{30} \cdot \frac{2}{29} = \frac{1}{145} = 0{,}69\,\%$

d) Das erste oder das zweite Ei sind angeschlagen. $\frac{28}{145} = 19{,}31\,\%$

6 Ermittle die Werte ohne Taschenrechner.

a) $\sqrt{1{,}44} =$ 1,2 **b)** $\sqrt{2} \cdot \sqrt{32} =$ 8 **c)** $4\sqrt{7} + 2\sqrt{7} =$ $6\sqrt{7}$ **d)** $\sqrt{75} : \sqrt{3} =$ 5

7 Trage die Buchstaben der gesuchten Begriffe in die Kästchen ein.
Wenn alles richtig ist, ergibt sich ein Lösungswort.

1. Zwei Figuren sind zueinander …, wenn einander entsprechende Winkel gleich groß sind.
2. Ein Körper mit einer gekrümmten Seitenfläche ist ein …
3. Die Ergebnisse zweistufiger Zufallsexperimente sind geordnete …
4. Der griechische Mathematiker … lebte von 570 bis 510 v. Chr.
5. Die beiden kürzeren Seiten eines rechtwinkligen Dreiecks nennt man …
6. Ein Satz zu rechtwinkligen Dreiecken ist benannt nach …
7. Den Term unter dem Wurzelzeichen nennt man …
8. Mehrstufige Zufallsexperimente können mithilfe von … veranschaulicht werden.
9. Flächen ohne Ecken sind …
10. Lösungen von Gleichungen können durch … gefunden werden.

1. Ä H N L I C H
2. Z Y L I N D E R
3. P A A R E
4. P Y T H A G O R A S
5. K A T H E T E N
6. T H A L E S
7. R A D I K A N D
8. B A U M D I A G R A M M E N
9. K R E I S E
10. P R O B I E R E N

Inhaltsverzeichnis

Lineare Gleichungssysteme

Ähnlichkeit

Satz des Pythagoras

Zweistufige Zufallsexperimente

Vom Vieleck zum Kreis

Zylinder

Tests

Dieses Heft gehört:		Klasse:	

Lineare Funktionen

▶ Grundwissen

- Eine Funktion der Form $y = f(x) = mx + n$ heißt lineare Funktion.
- Der Graph einer linearen Funktion ist eine Gerade.

Beispiel: Eine Ferienwohnung kostet pro Tag 50 €.
Zusätzlich sind 40 € für die Endreinigung zu zahlen.

$y =$ ________ (x steht für die Anzahl der Tage. y steht für die Gesamtkosten in Euro.)

x	3	4	5	6	7
y	190	240	290		

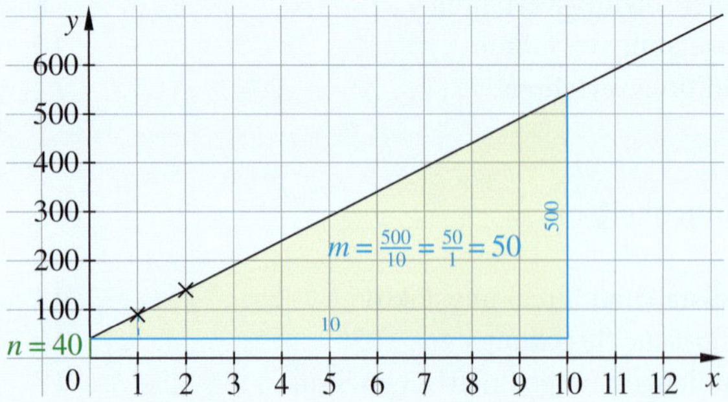

▶ Auftrag: Ergänze die Funktionsgleichung und die Tabelle. Trage die zugehörigen Punkte im Koordinatensystem ein.

Trainieren

1 Verschiedenartige Funktionen

① $y = x \cdot x$

x	−2	−1	0	1	2
y					

② $y = x$

x	−2	−1	0	1	2
y					

③ $y = 2x + 1{,}5$

x	−2	−1	0	1	2
y					

④ $y = 1 : x$

x	−2	−1	0	1	2
y					

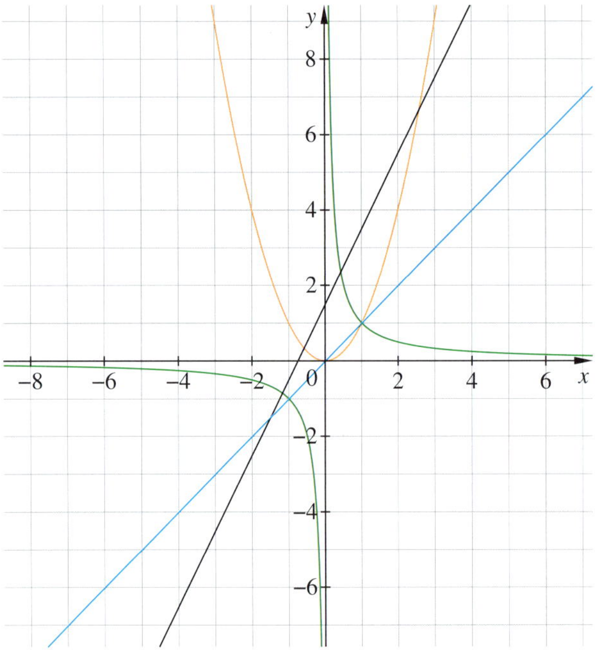

a) Ergänze die Wertetabellen.

b) Trage entsprechende Punkte im Koordinatensystem ein und ordne die passenden Graphen zu.

c) Gib die beiden linearen Funkionen an und nenne jeweils mindestens zwei ihrer Eigenschaften.

Eine lineare Funktion ist $y =$ ________

____

____

Eine lineare Funktion ist $y =$ ________

____

____

2 Lineare Funktionen mit Gemeinsamkeiten

a) Gib die Funktionsgleichungen an.
Hinweis: „$f(x)$“ steht für „y“.

① $y =$ ____________________

② $y =$ ____________________

③ $y =$ ____________________

④ $y =$ ____________________

⑤ $f(x) =$ ____________________

⑥ $f(x) =$ ____________________

⑦ $f(x) =$ ____________________

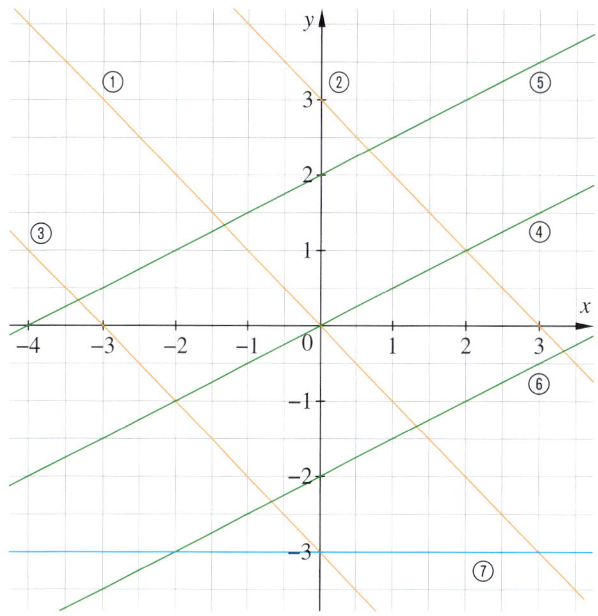

b) Der Graph einer Funktion verläuft parallel zu $f(x) = -x - 3$ und durch den Punkt $P(0\,|\,-7)$.
Gib die zugehörige Funktionsgleichung an. ____________________

c) Zusatzaufgabe: Der Graph einer Funktion verläuft senkrecht zu $f(x) = -x - 3$ und durch den Punkt $P(0\,|\,3)$. Gib die zugehörige Funktionsgleichung an. ____________________

Anwenden und Vernetzen

3 Helena möchte für sich und ihre Freundinnen Shirts im Internet bestellen. Jedes Shirt kostet 20 €. Für Versand und Verpackung sind einmalig 6 € zu zahlen.

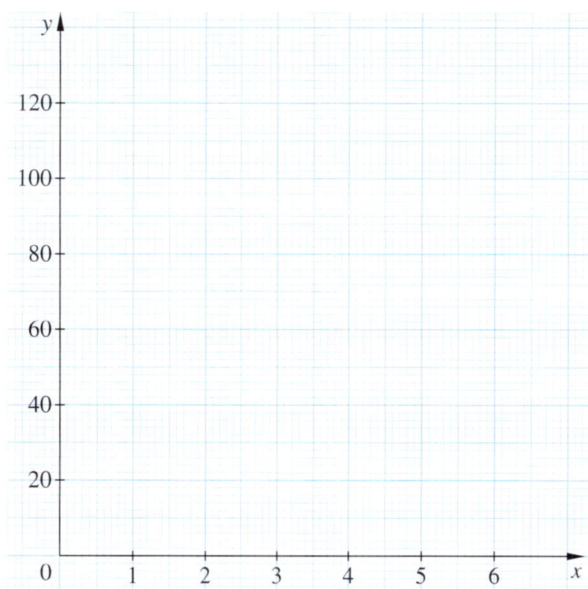

a) Ergänze die Tabellen.

Anzahl der Shirts	1	2	3	6
Gesamtkosten in €				

Anzahl der Shirts	1	2	3	6
Kosten je Shirt in €		23		

b) Trage alle entsprechenden Punkte im Koordinatensystem ein.
Was fällt auf?

____

c) Kreuze die passenden Funktionsgleichungen an.

Anzahl der Shirts → Gesamtkosten in € ☐ $y = 6x + 20$ ☐ $y = 20x + 6$ ☐ $y = x + 26$

Anzahl der Shirts → durchschnittliche Kosten je Shirt in € ☐ $y = (20x + 6) : x$ ☐ $y = 20 + 6x$ ☐ $y = x \cdot (20x + 6)$

Lineare Gleichungen mit zwei Variablen

▶ Grundwissen

- Jede lineare Gleichung kann in die Form $y = mx + n$ gebracht werden. (x und y sind Variablen. m und n sind Zahlen.)
- Jeder Lösung $(x|y)$ einer linearen Gleichung entspricht ein Punkt auf der zugehörigen Geraden.

Beispiel: $y - 4 = -0{,}5x \quad | + 4$

$y = -0{,}5x + 4$ Das Wertepaar $(0|4)$ ist eine Lösung.

x	0	2	4	6	8
y	4	3			

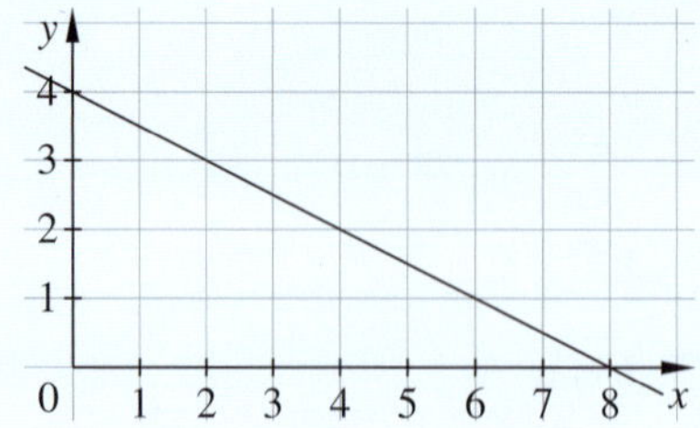

▶ **Auftrag:** Ergänze die Tabelle und trage die zugehörigen Punkte im Koordinatensystem ein.

Trainieren

1 Kreuze zuerst die linearen Gleichungen an.
Unterstreiche danach in den anderen Gleichungen die Terme, die nicht in linearen Gleichungen vorkommen.
Zusatzaufgabe: Forme auf einem zusätzlichen Blatt die Gleichungen nach y um.

☐ $y = 5$ ☐ $y = 2x$ ☐ $y = 2x + 5$ ☐ $y = x \cdot x$

☐ $y^3 = 5x - 7$ ☐ $y = x$ ☐ $y \cdot 2x = 8x + 2$ ☐ $2y - 4 = 0$

2 Ordne den linearen Gleichungen Lösungen zu. Zeichne sieben Linien ein.

$y = x + 4$ $y - 5 = 2x$ $0 = x + y$ $2y + 3x = 1$

$(1|-1)$ $(1|5)$ $(1|7)$ $(2|6)$ $(2|-2)$ $(3|-4)$ $(-5|8)$

3 Ergänze zuerst die Wertetabellen. Veranschauliche danach die Lösungen mithilfe von Geraden im Koordinatensystem.

a) $y = x + 4$

x	−6	−4	0	2	4
y	−2				

b) $y = -x - 1$

x	−6	−4	0	2	4
y					

c) $y = 2x - 4$

x	−2	0	2	4	6
y					

d) $y = -3x + 1$

x	−2	−1	0		
y				−5	−8

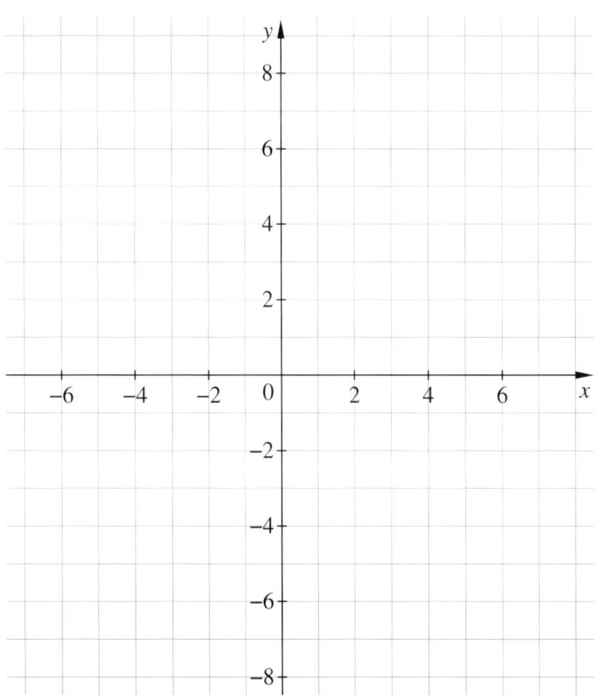

4 Forme zuerst die linearen Gleichungen nach y um.
Veranschauliche danach die Lösungen der linearen Gleichungen mithilfe von Geraden im Koordinatensystem.

a) $y + 5 = 4x$ | ______

______

b) $y + 0{,}6x = 3$ | ______

______

c) $2y = -4x - 8$ | ______

______

d) $2y - 6 = 4x$ | ______

______ | ______

______

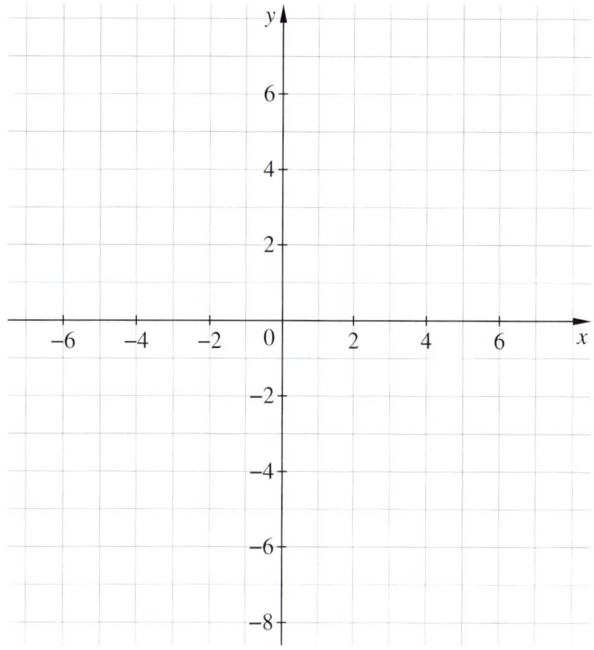

Anwenden und Vernetzen

5 Aus einem 14 cm langen Draht werden Rechtecke gebogen.

a) Gegeben ist jeweils eine Seite eines Rechtecks mit 14 cm Umfang.
Ergänze die fehlenden Seiten und benenne sie mit x bzw. y.

x x y

b) Gib im Koordinatensystem mit einer Linie alle möglichen Seitenlängen an.

c) Kreuze alle Lösungen an.

☐ $x = 2$ und $y = 5$ ☐ $x = 3{,}3$ und $y = 3{,}7$

☐ $x = 8$ und $y = -1$ ☐ $x = 0{,}6$ und $y = 6{,}4$

d) Ergänze, sodass die Zahlenpaare Seitenlängen angeben.

① $x = 1{,}5\,\text{cm}$ und $y =$ ______

② $x =$ ______ und $y = 2{,}8\,\text{cm}$

e) Gib eine passende lineare Gleichung an.
Zusatzaufgabe: Was muss für die x-Werte gelten?

$y =$ ______ ______

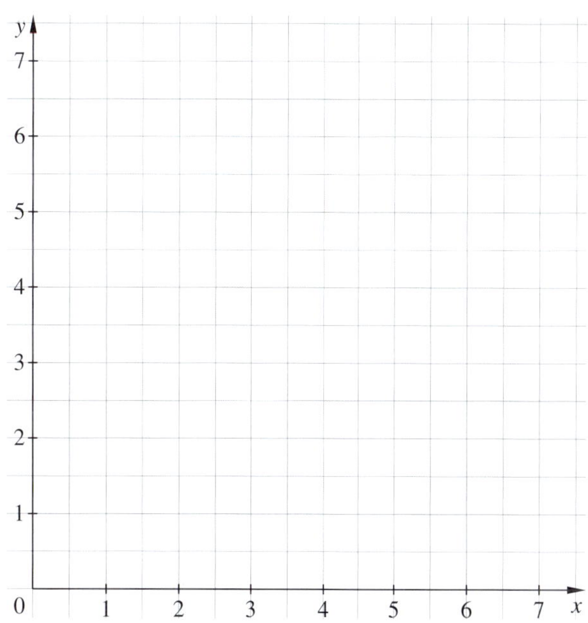

Lineare Gleichungssysteme grafisch lösen

▶ Grundwissen

- Zwei lineare Gleichungen mit zwei Variablen bilden ein lineares Gleichungssystem.
- Ein Wertepaar $(x\,|\,y)$ heißt Lösung des linearen Gleichungssystems, falls es beide Gleichungen erfüllt.
- Es gibt entweder

______________ Lösung oder ______________ Lösung oder ______________ Lösungen.

Beispiele:

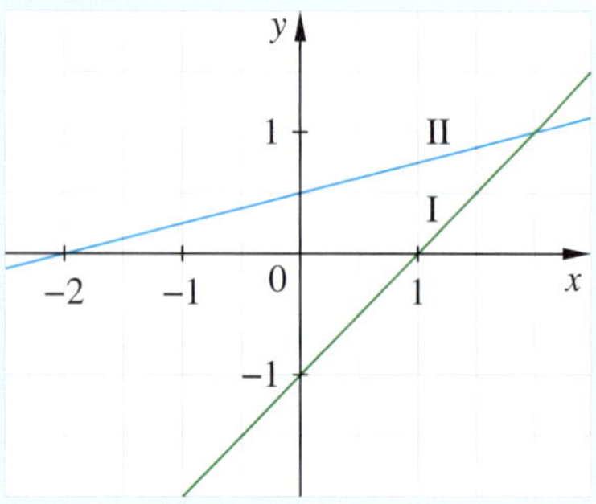

I $y = x - 1$
II $y = 0{,}25x + 0{,}5$

Lösung: $(2|1)$

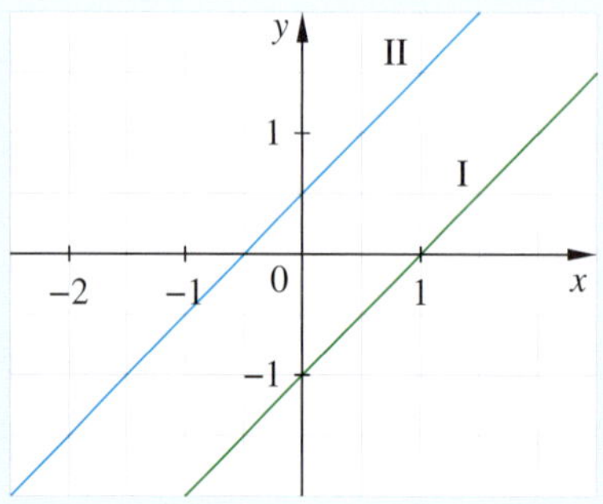

I $y = x - 1$
II $y = x + 0{,}5$

Lösung: keine

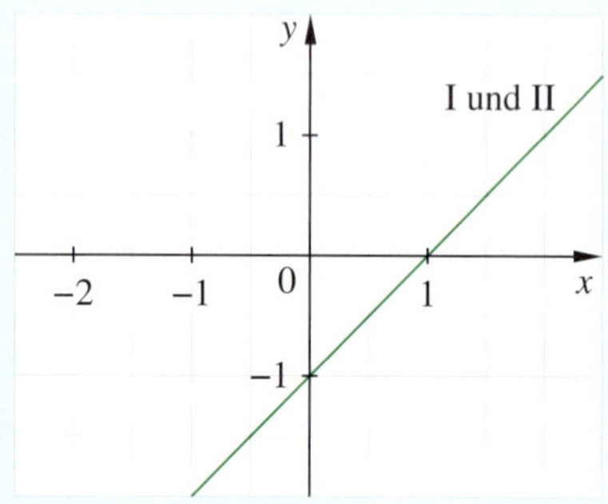

I $y = x - 1$
II $2y = 2x - 2$

Lösung: $(x|x - 1)$

▶ Auftrag: Ergänze den Text.

Trainieren

1 Lösungen linearer Gleichungen und linearer Gleichungssysteme

a) Gib jeweils zwei Wertepaare an, die Lösungen der linearen Gleichungen sind.
Stelle die Lösungen mithilfe einer Geraden im Koordinatensystem dar.

$y = x + 2$ ______________________________

$-1{,}5x = y$ ______________________________

$x = -\frac{2}{3}y$ ______________________________

$y + 1 = -\frac{1}{8}x$ ______________________________

$y = -1{,}5x + 4{,}5$ ______________________________

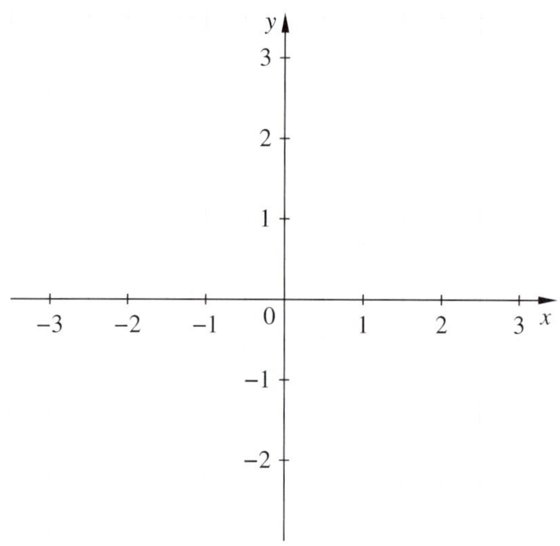

b) Schreibe unter jedes lineare Gleichungssystem dessen Lösungen.
Hinweis: Nutze, wenn möglich, die Zeichnung bei Teilaufgabe **a**.

I $y = x + 2$ II $y = -1{,}5x + 4{,}5$	I $-1{,}5x = y$ II $x = -\frac{2}{3}y$	I $y = -1{,}5x + 4{,}5$ II $x = -\frac{2}{3}y$	I $y = -1{,}5x + 4{,}5$ II $y + 1 = -\frac{1}{8}x$
Lösung: __________	Lösung: __________	Lösung: __________	Lösung: __________

c) Gegeben ist die lineare Gleichung $y = 2x - 1$. Zeichne den zugehörigen Graphen ein und gib, wenn möglich, jeweils eine Gleichung an, sodass das lineare Gleichungssystem die angegebene Anzahl an Lösungen hat.

I __________	I __________	I __________	I __________
II $y = 2x - 1$	II $y = 2x - 1$	II $y = 2x - 1$	II $y = 2x - 1$
genau eine Lösung	keine Lösung	unendlich viele Lösungen	genau drei Lösungen

2 Ermittle grafisch die Lösungen der linearen Gleichungssysteme.

a) I $y = x + 2$
II $y = -x + 4$ Lösung: ________

b) I $y = x + 2$
II $y = 0{,}4x + 5$ Lösung: ________

c) I $y = 0{,}5x + 1$
II $y = -x + 4$ Lösung: ________

d) I $y = -x + 7$
II $y = 0{,}5x + 1$ Lösung: ________

e) I $y + x = 7$
II $y - x = 2$ Lösung: ________

f) I $-x + 7 = y$
II $y + x = 4$ Lösung: ________

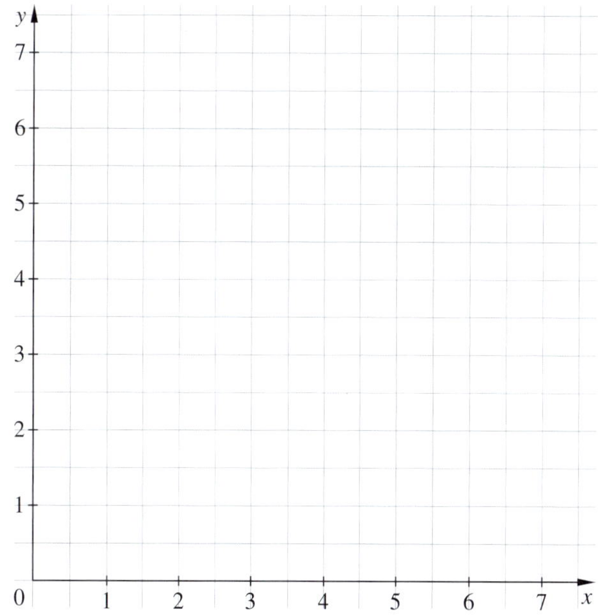

Anwenden und Vernetzen

3 Für zwei neunte Klassen einer Schule steht eine Klassenfahrt an. Einige Schülerinnen und Schüler planen die Zimmerbelegung. Die Lehrerin sagt ihnen:
„Die Jugendherberge hat insgesamt 15 Drei- und Fünfbettzimmer. Darin stehen insgesamt 55 Betten.“
Ermittle grafisch die Anzahl der Drei- und Fünfbettzimmer.
Hinweis: Stelle je eine Gleichung zur Anzahl der Zimmer und eine zur Anzahl der Betten auf.

____

____

____

____

____

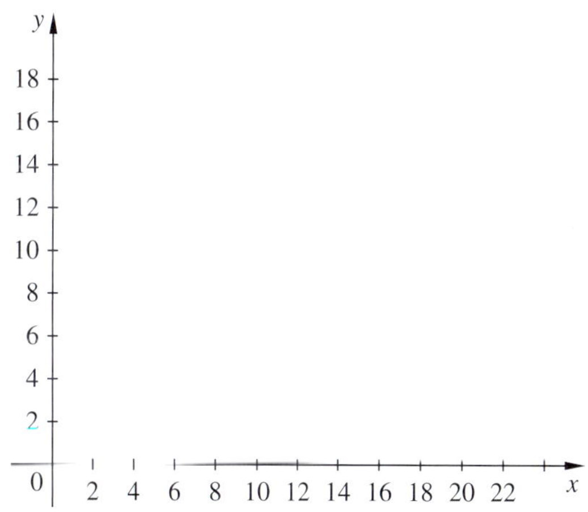

4 In einem Geldscheinzähler sind doppelt so viele 50-Euro-Scheine wie 20-Euro-Scheine. Der Gesamtwert der Scheine beträgt 600,00 Euro. Wie viele 50-Euro-Scheine und wie viele 20-Euro-Scheine sind im Geldscheinzähler?

____

____

____

____

____

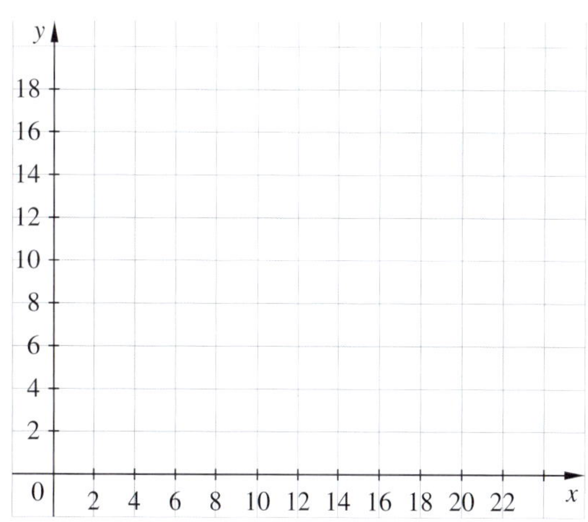

Gleichsetzungsverfahren

▶ Grundwissen

1. Gegebenenfalls beide Gleichungen nach derselben Variablen umformen (oder nach dem gleichen Term mit nur einer Variablen), damit das Gleichsetzungsverfahren angewandt werden kann.

2. Terme ______________________

   ____

3. Errechnete Lösung in eine gegebene Gleichung einsetzen

   ____

Beispiel: I $y = 6x$
II $y = 5x + 5$

$6x = 5x + 5 \quad |-5x$
$x = 5$

$y = 6 \cdot 5$
$y = 30$

Lösung: (5 | 30)

▶ **Auftrag:** Betrachte das Beispiel und ergänze die Anweisungen.

Trainieren

1 Stelle jeweils beide Gleichungen nach der im Stern angegebenen Variablen um.
Hinweis: Nutze gegebenenfalls ein zusätzliches Blatt zum Umstellen der Gleichungen.

a) I $y - 7 = 2x$ ☆ y
II $y + 3 = 5x$

I $y = 2$ ______________
II $y = 5$ ______________

b) I $2y = 4 - x$ ☆ y
II $y + 5 = x$

I ______________
II ______________

c) I $30x = 10y - 40$ ☆ y
II $5 + 5y = 20x$

I ______________
II ______________

d) I $y + x = 7$ ☆ x
II $8 + x = 3y$

I ______________
II ______________

e) I $21y = 14 - 7x$ ☆ x
II $y + 2 = x - 1$

I ______________
II ______________

f) I $9x = 63y - 81$ ☆ x
II $6 + 4y = 5x - 3$

I ______________
II ______________

2 Löse die Gleichungssysteme mithilfe des Gleichsetzungsverfahrens.

a) I $y = 4x - 2$
II $y = 3x + 7$

b) I $5x + 7 = y$
II $y = 2x - 2$

c) I $2x = 10y - 6$
II $x = 8y + 3$

3 Markiere den Fehler.

I $7y - 1 = 2x$
II $6y + 4 = 2x$

$7y - 1 = 6y + 4 \quad |-6y$
$y - 1 = 4 \quad |+1$
$y = 5$

Lösung: (5 | 17)

4 Stelle die Gleichungen zur Berechnung des Werts einer Variablen auf.
Überlege, welche Terme sich zum Gleichsetzen anbieten.
Hinweis: Forme gegebenenfalls eine der Gleichungen im Kopf um.

a) I $a:4 = 7b + 2$
II $a:4 = 7 - 3b$

b) I $9c + 7 = d$
II $d = 8 - 0{,}3c - 2$

c) I $2e = 8f - 6$
II $2e = 8f + 36$

d) I $7h = 4g - 2$
II $4g = 4h + 7$

e) I $5i + 7 = k$
II $5k = 2i - 2$

f) I $2l = 10m - 6$
II $8m = 8l + 8$

5 Maja behauptet, das Gleichungssystem hat keine Lösung.
Hat sie recht? Begründe deine Meinung.

I $7a + 4 = 5d$
II $5d = 5 + 7a$

Anwenden und Vernetzen

6 Zwei Internet-Anbieter werben um Neukunden.

TURBOSURF
nur 0,9 Cent/min*
*zzgl. Grundgebühr 4,99 €/Monat

neu bei
DreamNet
Flatrate in alle Netze für 9 €/Monat

a) Für wie viele Stunden monatliche Nutzungsdauer sind die Angebote etwa gleich teuer?

b) Veranschauliche beide Tarife.
Kennzeichne den Bereich, in dem der Tarif DreamNet günstiger ist, und den Bereich, in dem Turbosurf besser abschneidet.

c) Verändere eines der beiden Angebote so, dass die Tarife bei einer Nutzungsdauer von 20 Stunden gleich teuer sind.
Zusatzaufgabe: Überprüft und bewertet eure Vorschläge gegenseitig.

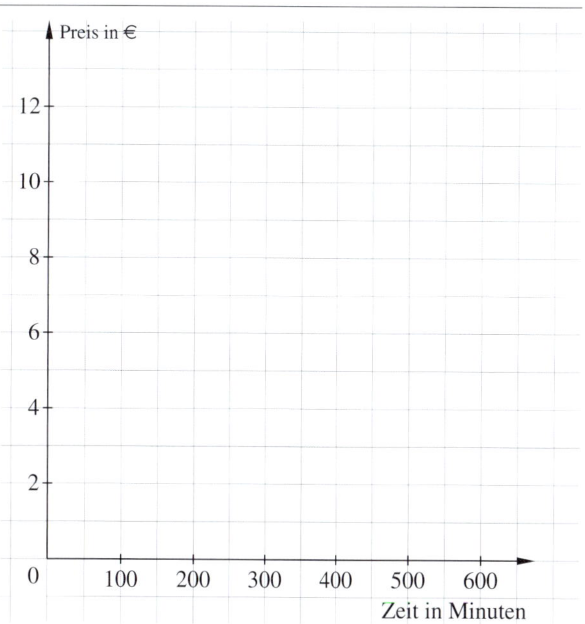

Einsetzungsverfahren

▶ Grundwissen

1. Gegebenenfalls eine Gleichung nach einer Variablen auflösen, damit das Einsetzungsverfahren angewandt werden kann.
2. Term der Gleichung, die nach einer Variable aufgelöst ist,

   ____

   ____
3. Errechnete Lösung in eine gegebene Gleichung einsetzen

   ____

Beispiel:
I $y = 5x$
II $2y = 2x + 8$

$2 \cdot 5x = 2x + 8$
$10x = 2x + 8 \quad | -2x$
$8x = 8 \quad | :8$
$x = 1$

$y = 5 \cdot 1$
$y = 5$

Lösung: (1 | 5)

▶ Auftrag: Betrachte das Beispiel und ergänze die Anweisungen.

Trainieren

1 Vervollständige die Schritte beim Lösen der Gleichungssysteme mit dem Einsetzungsverfahren.

a) I $y + x = 7$
II $y = 3x - 5$

$(\_\_\_\_) + x = 7$
$4x - 5 = 7 \quad | \_\_\_$
$4x = 12 \quad | \_\_\_$
$x = \_\_\_$

$y = 3 \cdot \_\_\_ - 5$
$y = \_\_\_$
Lösung: (___ | ___)

b) I $2y = 4 - x$
II $y = x - 1$

$2 \cdot (\_\_\_\_) = 4 - x$
$2x - \_\_\_ = 4 - x \quad | \_\_\_$
$3x - \_\_\_ = 4 \quad | \_\_\_$
$3x = \_\_\_ \quad | \_\_\_$
$x = \_\_\_$

$y = \_\_\_ - 1$
$y = \_\_\_$
Lösung: (___ | ___)

c) I $x = 3y - 23$
II $6 + 4y = 5x$

$6 + 4y = 5 \cdot (\_\_\_\_)$
$6 + 4y = \_\_\_\_ \quad | \_\_\_$
$6 = \_\_\_\_ \quad | \_\_\_$
$\_\_\_ = 11y \quad | \_\_\_$
$\_\_\_ = y$

$x = 3 \cdot \_\_\_ - 23$
$x = \_\_\_$
Lösung: (___ | ___)

2 Löse die Gleichungssysteme mithilfe des Einsetzungsverfahrens.

a) I $2y = 8x - 4$
II $y = 3x + 7$

b) I $y = 12x + 8$
II $0{,}5y = 2x - 2$

c) I $y = 10x - 6$
II $x = 8y - 31$

3 Stelle die Gleichungen zur Berechnung des Werts einer Variable auf.
Überlege, welche Terme sich zum Einsetzen anbieten.
Zusatzaufgabe: Überprüfe deine Gleichungen, indem du die Lösungen auf einem zusätzlichen Blatt ermittelst.

a) I $2a = 8b + 2$
II $3a = 7 - 3b$

b) I $9c + 7d = -3$
II $2 + d = 9 - 5c$

c) I $8e + 4 = f$
II $2f = 8 + 16e$

____________ ____________ ____________

Lösung: $(2 \mid -3)$	Lösung: $(a \mid 8a + 4)$	Lösung: –	Lösung: $(2\frac{1}{15} \mid \frac{4}{15})$	Lösung: $(-8 \mid -3)$

4 Ordne den Gleichungssystemen die Gleichungen zur Berechnung der ersten Variable zu.
Hinweis: Zeichne fünf Linien ein.

I $y = 7 + x$ II $y + x = 7$	I $2y - 4 = 7 - x$ II $2y = 4 - x$	I $2x = 5y - 23$ II $3x = 3y - 33$	I $4y - 24 = 8x - 4$ II $4x = 8y - 4$

$15y - 69 = 3y - 33$	$(4 - x) - 4 = 7 - x$	$2 \cdot (y - 11) = 5y - 23$	$(7 + x) + x = 7$	$2y - 12 = (8y - 4) - 2$

Anwenden und Vernetzen

5 Ein Rechteck hat einen Umfang von 19 m. Die eine Seite ist 5 m länger als die andere.
Wie lang sind die Seiten des Rechtecks?

6 Bei einem Handytarif ohne Grundgebühr wird zwischen Haupt- und Nebenzeit unterschieden.
Eine Gesprächsminute in der Hauptzeit kostet 0,11 Euro und in der Nebenzeit 0,07 Euro.
Die Monatsrechnung weist Gesprächsgebühren von 12,30 Euro und eine Gesamtdauer aller Einzelgespräche von 150 Minuten aus.
Wie lange hat der Kunde in der Hauptzeit telefoniert, wie lange in der Nebenzeit?

Additionsverfahren

▶ Grundwissen

1. Gegebenenfalls eine oder beide Gleichungen so umformen, dass beim Addieren eine der Variablen wegfällt.
2. Addieren der jeweils links bzw. rechts stehenden Terme und

   ____

3. Errechnete Lösung in eine gegebene Gleichung einsetzen

   ____

Beispiel:
I $-3y = -4x - 7$
II $2y = 4x + 1$

$-3y + 2y = -4x - 7 + 4x + 1$
$-y = -6 \quad | \cdot (-1)$
$y = 6$

$-3 \cdot 6 = -4x - 7 \quad | +7$
$-11 = -4x \quad | : (-4)$
$2{,}75 = x$

Lösung: $(2{,}75 \,|\, 6)$

▶ Auftrag: Betrachte das Beispiel und ergänze die Anweisungen.

Trainieren

1 Ermittle durch Addieren beider Gleichungen jeweils eine Gleichung mit nur einer Variablen.
Hinweis: Unterstreiche jeweils zuerst den Term mit der Variablen, die wegfallen soll.

a) I $y + x = 17$
II $2y - x = 5$

I + II ______________

b) I $-2y = 4 - x$
II $2y + 5 = -x$

I + II ______________

c) I $30x = -5y - 40$
II $5 + 5y = 20x$

I + II ______________

2 Forme jeweils die obere Gleichung so um, dass beim Addieren eine der Variablen wegfällt.
Hinweis: Unterstreiche jeweils zuerst den Term mit der Variablen, die wegfallen soll.

a) I $y + x = 5 \quad | \cdot (-2)$
II $6 + 2x = 4y$

I′ ______________
II $6 + 2x = 4y$

I′ + II ______________

b) I $y = 14 - 7x \quad | \cdot (-1)$
II $y + 2 = x - 1$

I′ ______________
II $y + 2 = x - 1$

I′ + II ______________

c) I $2x = 12y - 13 \quad |$ ____
II $6 - 4x = 5y - 3$

I′ ______________
II $6 - 4x = 5y - 3$

I′ + II ______________

3 Stelle die Gleichungen zur Berechnung des Werts der ersten Variablen auf. Berechne sie damit.
Zusatzaufgabe: Überprüfe deine Gleichungen, indem du die Lösungen ermittelst.

a) I $2a + 7b = -68$
II $a - 5b = 51$

____
____
____
____

b) I $9c - 10{,}8 = 3d$
II $-18c + 2d = -9{,}6$

____
____
____
____

c) I $6c + 25{,}5 = 3d$
II $4d = 40{,}5 - 18c$

____
____
____
____

Lösung: $(1 \,|\, -10)$	Lösung: $(1 \,|\, 9)$	Lösung: $(0{,}25 \,|\, 9)$	Lösung: $(0{,}2 \,|\, -3)$

4 Löse die Gleichungssysteme mithilfe des Additionsverfahrens.

a) I $y = 3x - 8$
II $-2y = -3x + 7$

b) I $5x + 3y = 19$
II $2x - 3y = -5$

c) I $-2x - 10y = 0$
II $y + 2x = 9$

Anwenden und Vernetzen

5 Tom kaufte zwei gleiche Sport-Shirts und drei gleiche Paar Socken für insgesamt 75,50 €. Da ein Sport-Shirt einen Materialfehler hat, gibt er es am nächsten Tag zurück. Er nimmt bei dieser Gelegenheit noch ein Paar der gleichen Socken und erhält an der Kasse 29,00 €.
Tom hat letztendlich ein neues Shirt und vier Paar Socken. Gib den Preis eines Sport-Shirts und den Preis von einem Paar Socken an.

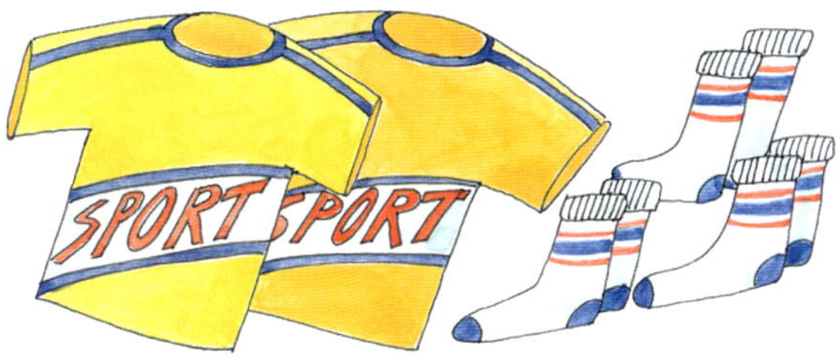

6 Löse die Zahlenrätsel mit einem Verfahren deiner Wahl.

a) Welche beiden Zahlen haben die Summe 16 und die Differenz 2?

b) Das Doppelte einer rationalen Zahl ist um 20 größer als die Hälfte einer zweiten.
Die erste Zahl ist um 11 kleiner als die zweite.
Welche Zahlen sind es?

Maßstab und Streckungsfaktor

▶ Grundwissen

- Der Maßstab gibt das Verhältnis der Länge einer Strecke im Bild zur entsprechenden Länge der Strecke im Original an.
- Der Streckungsfaktor k gibt an, mit welcher positiven Zahl die Länge der Strecke im Original zu multiplizieren ist, um die Länge der entsprechenden Strecke im Bild zu erhalten.
  Beispiel: Im rechten Bild ist der Maikäfer 1 cm lang.
  Im linken Original ist der Maikäfer 2 cm lang.
  Der Maßstab ist ______ $k = 1 : 2 = \frac{1}{2}$ $\frac{1}{2} \cdot 2\,\text{cm} = 1\,\text{cm}$

▶ Auftrag: Ergänze den Maßstab des rechten Bildes vom Maikäfer.

Trainieren

1 Es ist jeweils links das Original und rechts das Bild zu sehen.
Gib jeweils zuerst an, ob es sich um eine Vergrößerung oder Verkleinerung handelt.
Ermittle danach den Maßstab.

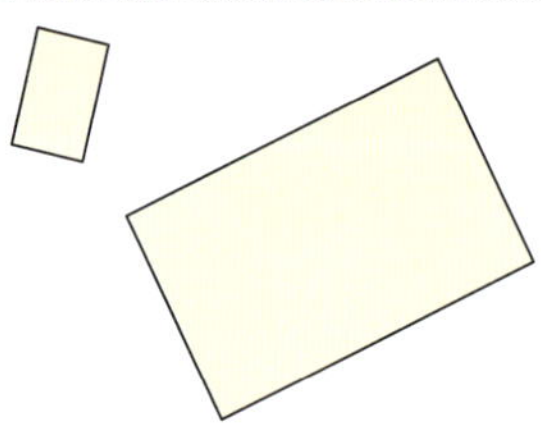

______ Der Maßstab ist ______

______ Der Maßstab ist ______

______ Der Maßstab ist ______

______ Der Maßstab ist ______

2 Ergänze die Tabelle.

Maßstab	2 : 1		4 : 1	1 : 2		1 : 20
Streckungsfaktor k		6			$\frac{1}{10} = 0{,}1$	
Länge im Bild			100 mm		3 m	0,2 cm
Länge im Original	4 cm	7 cm		1 cm		

3 Ergänze die Tabellen und die Tabellenüberschriften.

a) Maßstäbliche ______________

Maßstab	1 : 25	1 : 300	1 : 5	1 : 150
Länge im Bild	2 mm	3 cm		
Länge im Original			2,5 cm	300 dm

b) Maßstäbliche ______________

Maßstab	5 : 1	10 : 1	20 : 1	40 : 1
Länge im Bild	2 mm	3 cm		
Länge im Original			25 m	2,8 dm

4 Gib die zugehörigen Maßstäbe und Streckungsfaktoren an. Ermittle, wie lang eine 2 km lange Originalstrecke auf einer Karte wäre.

a) 0 250 500 750 1000 1250 1500 m

Maßstab: ____________

$k =$ ____________

2 km entsprechen ________ auf der Karte.

b) 0 1 2 3 4 5 6 km

Maßstab: ____________

$k =$ ____________

2 km entsprechen ________ auf der Karte.

c) 0 10 20 30 40 50 60 km

Maßstab: ____________

$k =$ ____________

2 km entsprechen ________ auf der Karte.

d) 0 5 10 15 km

Maßstab: ____________

$k =$ ____________

2 km entsprechen ________ auf der Karte.

Anwenden und Vernetzen

5 Der Airbus A380 ist der Rekordhalter im Passagiertransport und das zweitgrößte Flugzeug der Welt.
Die Antonow AN-225 ist 11 Meter länger und auch bei der Flügelspannweite übertrifft sie den Airbus um acht Meter.

Daten zum Airbus A380

Länge:	72,30 m
Flügelspannweite:	79,80 m
Höhe:	24,10 m
Maximale Passagierkapazität:	853

a) Das Foto zeigt ein Modell des Airbus A380 mit rund 30 cm Flügelspannweite.
Jeweils eine der Angaben ist richtig. Kreuze diese an.

Maßstab des Modells: ☐ 1 : 25 ☐ 1 : 250 ☐ 1 : 2500 ☐ 25 : 1 ☐ 250 : 1 ☐ 2500 : 1

Höhe des Modells: ☐ ca. 0,1 km ☐ ca. 0,1 cm ☐ ca. 0,1 dm ☐ ca 1 m ☐ ca. 10 cm ☐ ca. 1000 mm

b) Stell dir vor, ein Original Airbus A380 und eine Antonow AN-225 sollen mit möglichst geringem Rechenaufwand groß und von oben gesehen auf jeweils ein DIN-A4-Blatt gezeichnet werden.
Welcher Maßstab ist dafür geeignet?
Wie lang und breit werden die entsprechenden Bilder der Flugzeuge etwa?

____

____

____

____

3 Euer Unterrichtsraum soll umgestaltet werden. Dazu muss ein maßstabsgetreuer Grundriss auf einem DIN-A4-Blatt angefertigt werden. Welchen Maßstab würdest du empfehlen?
Hinweis: Vergleicht die Vorschläge untereinander.

____

Zentrische Streckung

▶ Grundwissen

- Eine zentrische Streckung wird angegeben durch den Streckungsfaktor k und das Streckungszentrum Z.
- Mithilfe zentrischer Streckungen können Figuren maßstäblich vergrößert ($k > 1$) und verkleinert ($0 < k < 1$) werden.

Beispiele: Vergrößerung mit $k = 2$

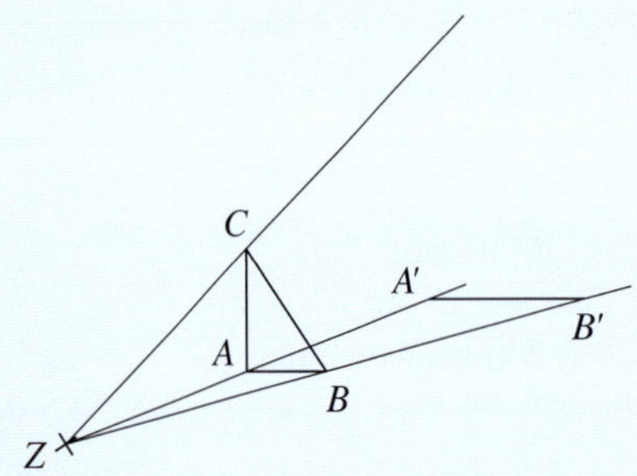

Verkleinerung mit $k = \frac{1}{2}$

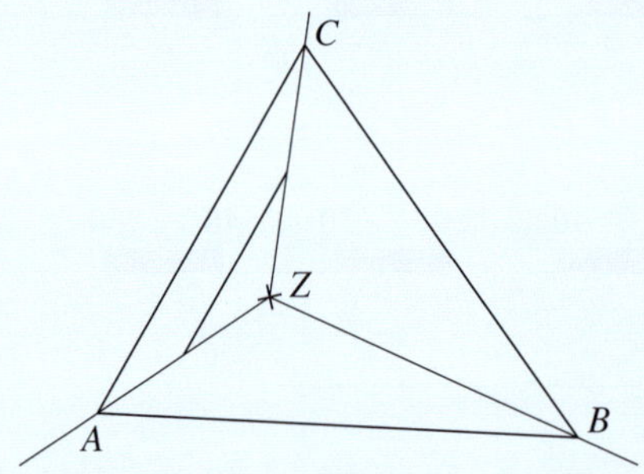

▶ Auftrag: Ergänze die Beispiele.

Trainieren

1

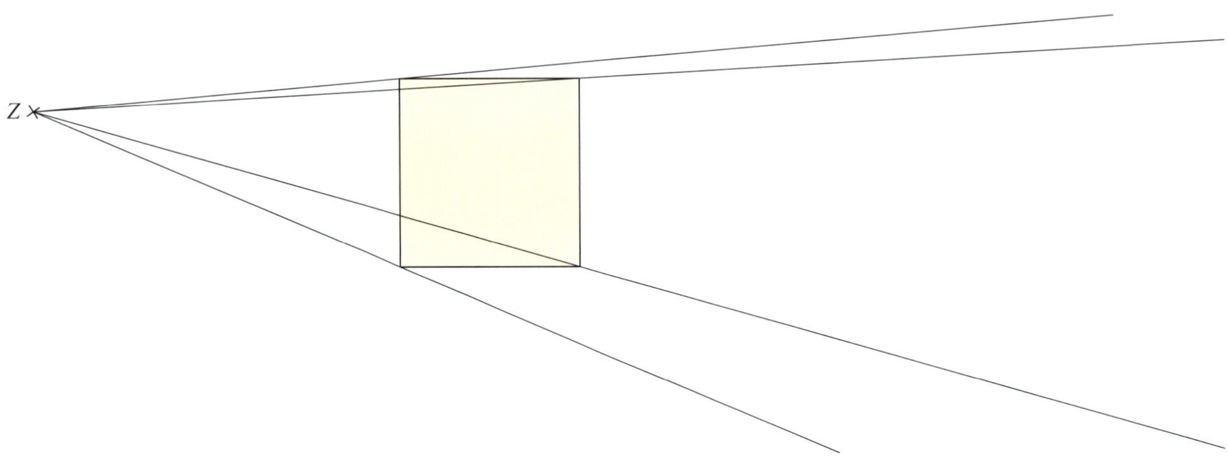

a) Der Punkt Z ist das Streckungszentrum. Vergrößere das gelbe Quadrat mit $k = 2$.

b) Der Punkt Z ist das Streckungszentrum. Verkleinere das gelbe Quadrat mit $k = \frac{1}{2}$.

2

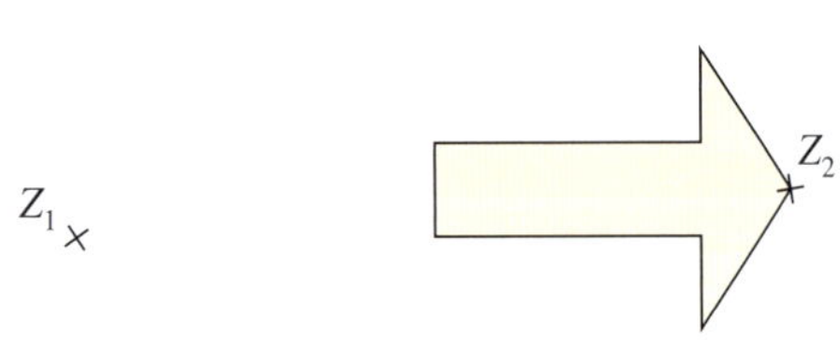

a) Der Punkt Z_1 ist das Streckungszentrum. Vergrößere den gelben Pfeil mit $k = 2{,}5$.

b) Der Punkt Z_2 ist das Streckungszentrum. Vergrößere den gelben Pfeil mit $k = 2{,}5$.

3 Ergänze die Tabelle.

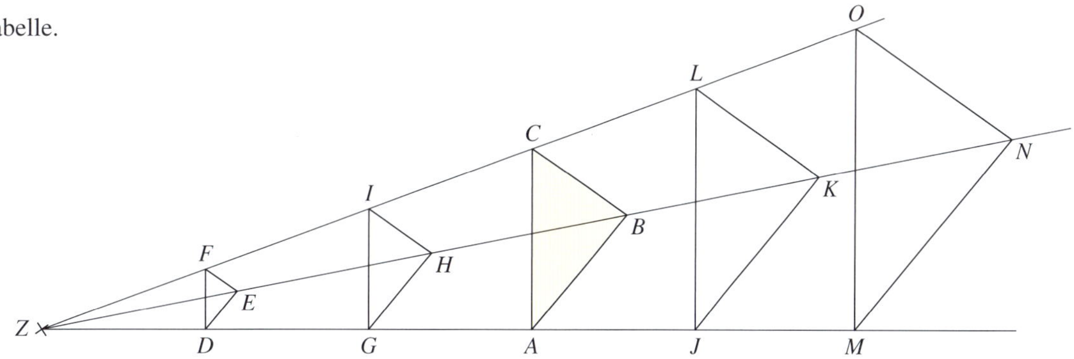

Original	Dreieck ABC	Dreieck ABC	Dreieck ABC	Dreieck ABC	Dreieck GHI	Dreieck DEF
Bild		Dreieck DEF		Dreieck MNO		Dreieck MNO
Streckungs-faktor	$\frac{2}{3}$		$1\frac{1}{3}$		$\frac{1}{2}$	

4 Die Figuren entstanden durch zentrische Streckungen.
Ermittle die Streckungszentren und gib in der Tabelle alle Möglichkeiten an.

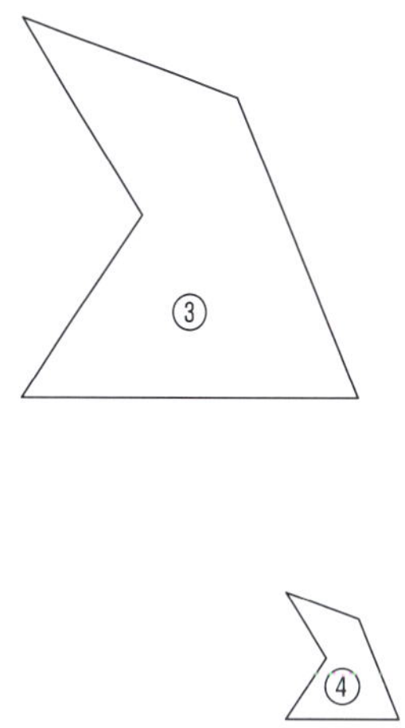

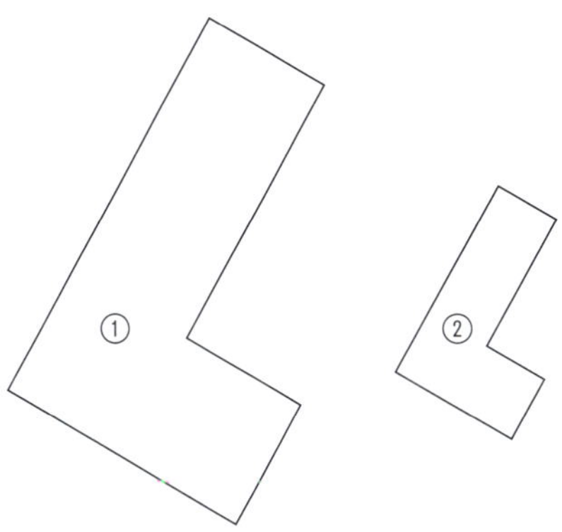

Original	①			
Bild				
Streckungs-faktor				

Anwenden und Vernetzen

5 Marie soll im Praktikum die Vorlagen für die Raumgestaltung kopieren.
Ergänze die bei den Vergrößerungen oder Verkleinerungen am Kopierer einzugebenden Prozentsätze.
Hinweis: Jede Arbeitsheftdoppelseite hat DIN-A3-Format.
Jede einzelne Arbeitsheftseite hat DIN-A4-Format.

von / auf	DIN-A2-Format	DIN-A3-Format	DIN-A4-Format	DIN-A5-Format
DIN-A2-Format		141%		
DIN-A3-Format				
DIN-A4-Format				
DIN-A5-Format				

Ähnlichkeit im geometrischen Sinn

▶ Grundwissen

- Entsteht eine Figur durch maßstäbliches Vergrößern oder Verkleinern einer anderen Figur, so sind beide Figuren zueinander ähnlich. ☐
- Wenn alle einander entsprechenden Strecken im gleichen Maßstab vergrößert oder verkleinert sind und alle einander entsprechenden Winkel gleich groß sind, sind zwei Figuren zueinander ähnlich. ☐
- Zwei Dreiecke sind zueinander ähnlich, wenn sie in der Größe von zwei Winkeln übereinstimmen. ☐

Beispiele: zueinander ähnliche Dreiecke

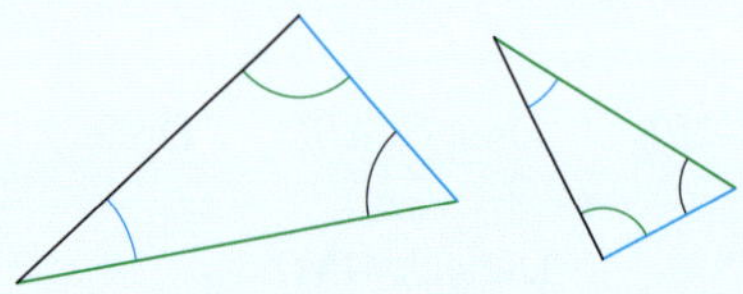

zueinander ähnliche Figuren

▶ **Auftrag:** Kreuze wahre Aussagen an.

Trainieren

1 Kreuze die fünf im geometrischen Sinn zueinander ähnlichen Schmetterlinge an.
Zusatzaufgabe: Begründe, warum die anderen nicht zueinander ähnlich sind.

2 Markiere in den zueinander ähnlichen Dreiecken alle einander entsprechenden Winkel und Seiten.

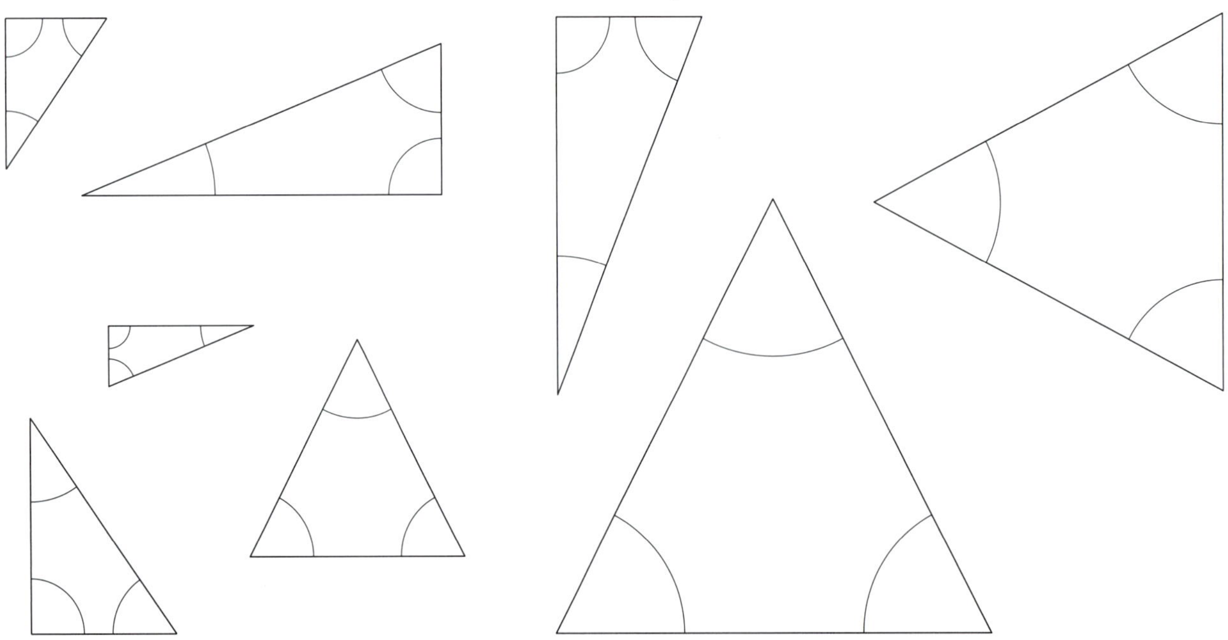

3

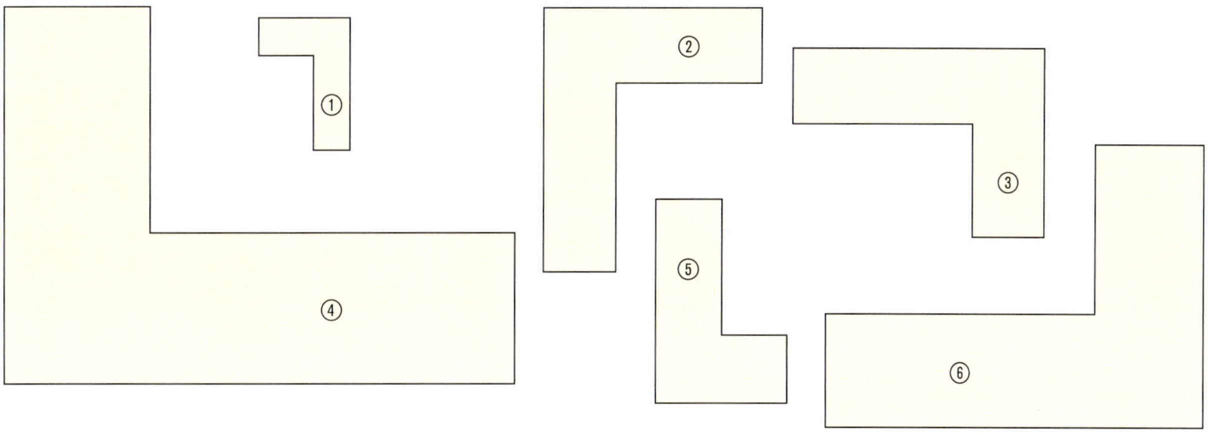

a) Betrachte nur die zueinander ähnlichen Figuren. Ordne die Längen einander entsprechender Seiten in der Tabelle zu.

Figur						
Figur						
Figur	1,25 cm	0,5 cm	0,75 cm	1,25 cm	0,5 cm	1,75 cm
Figur	3,75 cm	1,5 cm	2,25 cm	3,75 cm	1,25 cm	5,25 cm

b) Ergänze die Sätze.

Vergrößerungen der Figur ③ sind ___ und ___. 1 : 2 ist das Seitenverhältnis von ___ und ___ sowie von ___ und ___.

Anwenden und Vernetzen

4 Gesucht wird ein Punkt *R*, sodass das Dreieck *ABC* ähnlich zu dem mit den Eckpunkten *P*, *Q* und *R* ist.

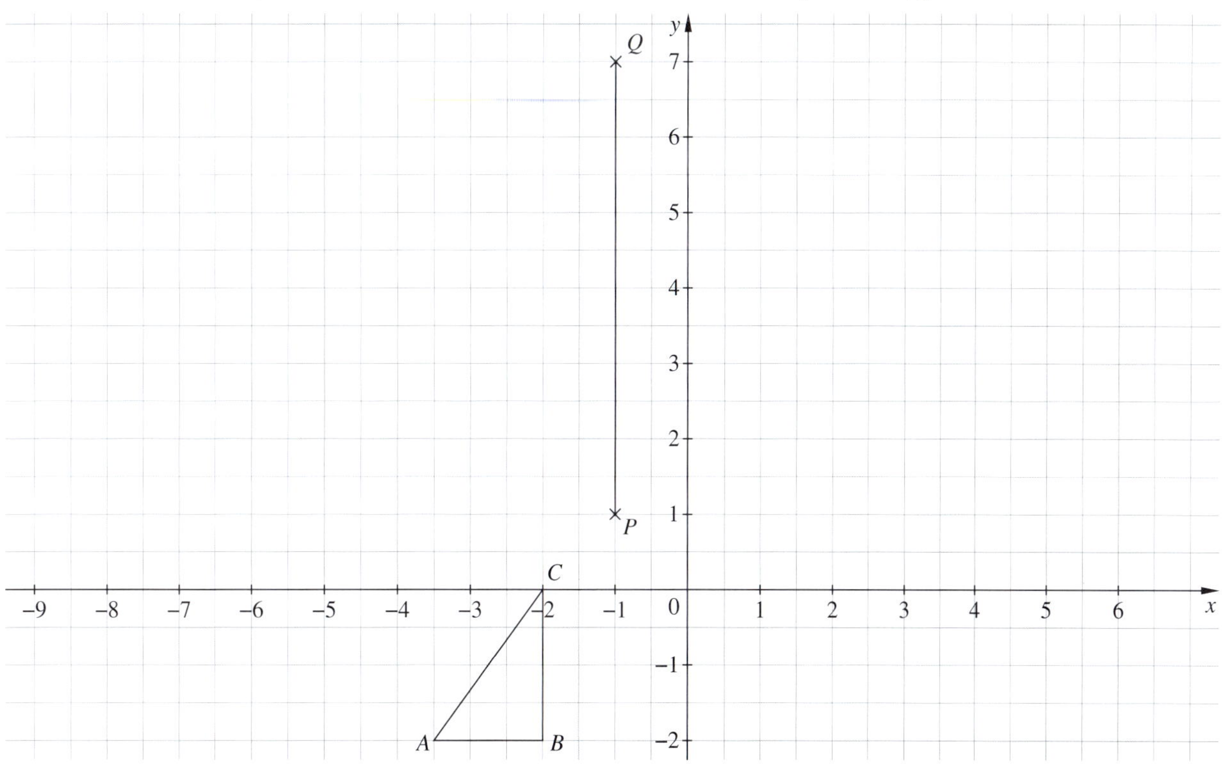

a) Trage möglichst viele infrage kommende Punkte in das Koordinatensystem ein.

b) In welchen Maßstäben ist das Dreieck *ABC* vergrößert worden? ___________

Strahlensatz – Teil 1

▶ Grundwissen

Werden zwei sich schneidende Geraden von zwei Parallelen geschnitten, so sind die Längenverhältnisse entsprechender Abschnitte auf den sich schneidenden Geraden gleich.

Beispiele:

$$\frac{|\overline{ZA'}|}{|\overline{ZA}|} = \frac{\qquad}{|\overline{ZB}|}$$

$$\frac{|\overline{AA'}|}{|\overline{ZA}|} = \frac{\qquad}{|\overline{ZB}|}$$

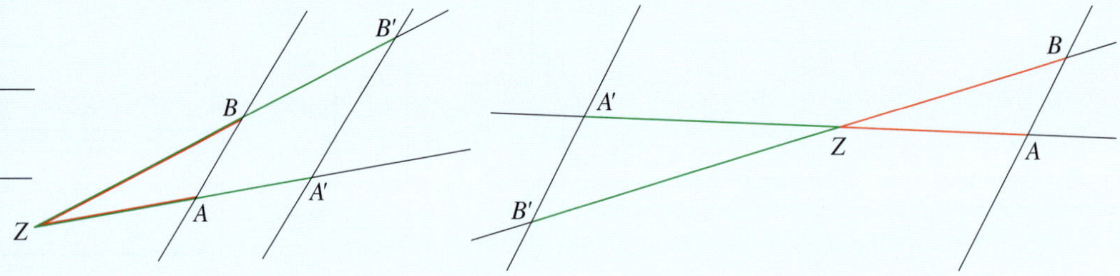

▶ **Auftrag:** Ergänze die Formeln.

Trainieren

1 Zwei sich schneidende Geraden werden von zwei Parallelen geschnitten.

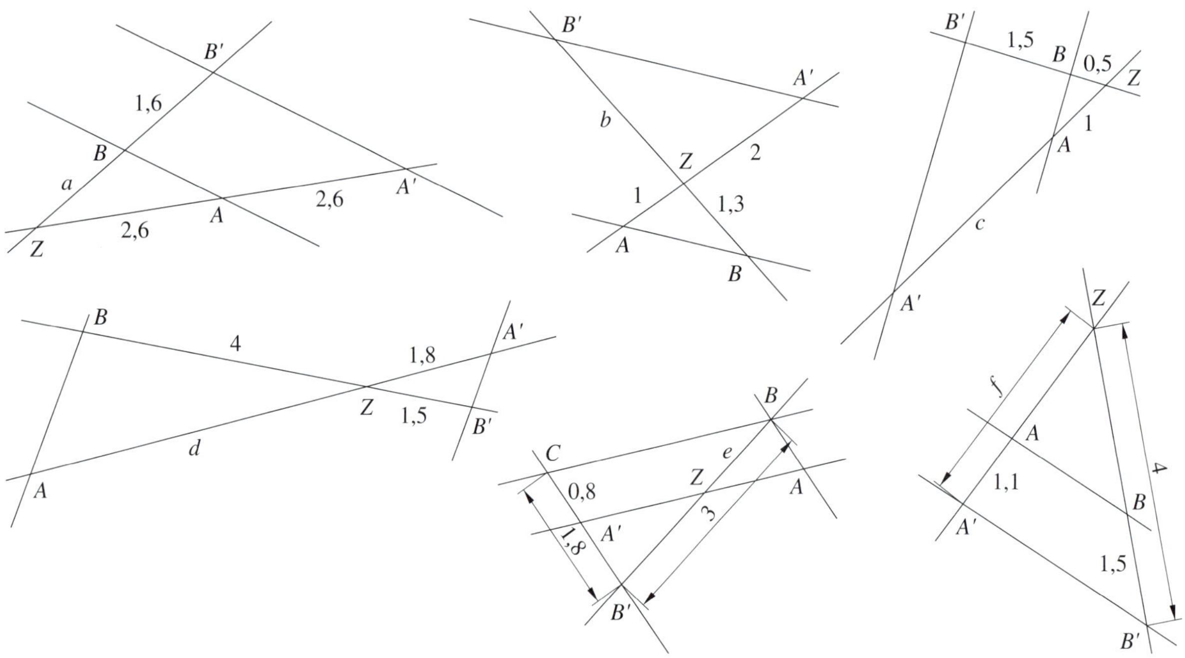

a) Markiere zuerst zueinander gehörende Geradenabschnitte mit der gleichen Farbe.
Berechne danach die gesuchten Streckenlängen.
Hinweis: Die vorgegebenen Zeichnungen sind nicht maßstäblich.

b) Wie viele zueinander ähnliche Dreiecke enthält jede der Figuren? ______________________

2 Zwei sich schneidende Geraden werden von vier Parallelen geschnitten.

a) Berechne die gesuchten Seitenlängen.

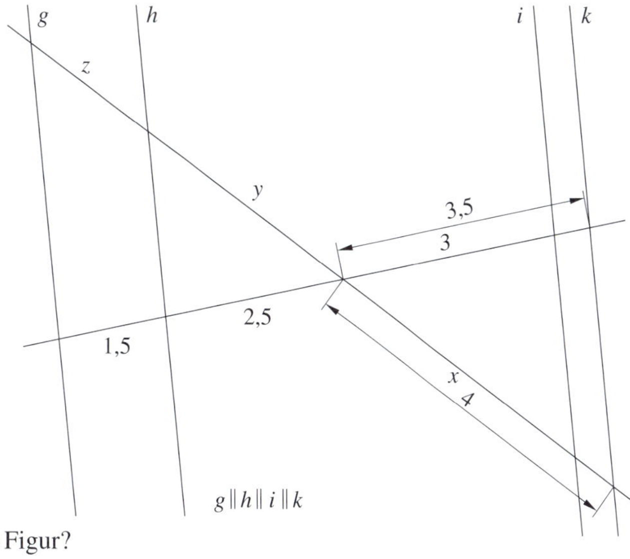

b) Wie viele zueinander ähnliche Dreiecke enthält die Figur?

Anwenden und Vernetzen

3 Carolina sagt: „Die Höhe der Laterne lässt sich bei Sonnenschein relativ einfach ermitteln. Dazu wird direkt neben die Laterne ein gerader Stab gesteckt. Mithilfe der Schattenlängen und der Stablänge kann die Höhe der Laterne berechnet werden. Der Schatten einer Laterne ist rund 8,9 m lang. Der Schatten einer daneben stehenden 1 m langen Wasserwaage ist rund 2,2 m lang. “

a) Veranschauliche die Situation mithilfe einer Skizze.

b) Berechne die Höhe der Laterne.

c) Schätze, in welchem Winkel die Sonnenstrahlen auf die Erde treffen.
Zusatzaufgabe: In welcher Jahreszeit könnte diese Situation gegen 12:00 Uhr in Deutschland eintreten?

Strahlensatz – Teil 2

▶ Grundwissen

Werden zwei sich schneidende Geraden von zwei Parallelen geschnitten, so ist das Längenverhältnis der Parallelenabschnitte genauso groß wie das Längenverhältnis der Strecken von Z bis zu den Schnittpunkten mit den Parallelen.

Beispiele:

$$\frac{|\overline{A'B'}|}{|\overline{ZA'}|} = \frac{\quad}{|\overline{ZA}|}$$

$$\frac{|\overline{A'B'}|}{|\overline{ZB'}|} = \frac{\quad}{|\overline{ZB}|}$$

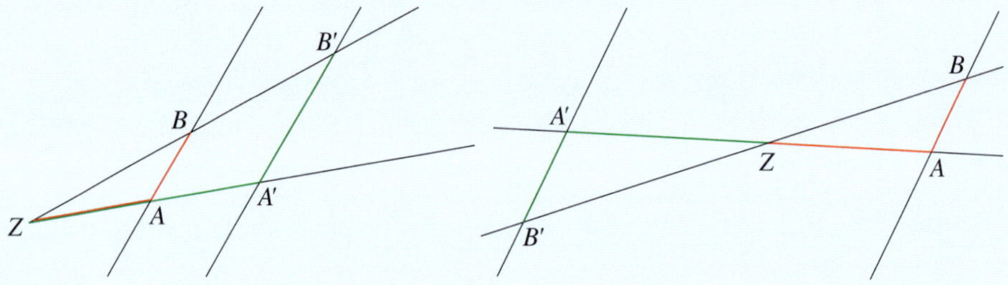

▶ **Auftrag:** Ergänze die Formeln.

Trainieren

1 Zwei sich schneidende Geraden werden von zwei Parallelen geschnitten.

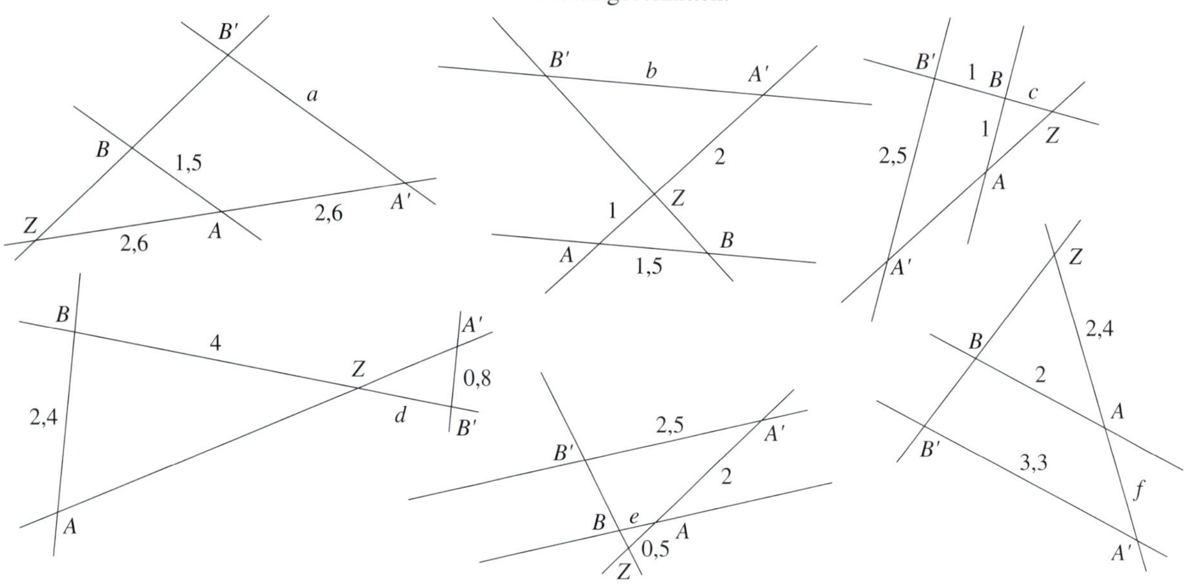

a) Markiere zuerst zueinander gehörende Geradenabschnitte mit der gleichen Farbe.
Berechne danach die gesuchten Streckenlängen.
Hinweis: Die vorgegebenen Zeichnungen sind nicht maßstäblich.

b) Gib die Streckungsfaktoren der Dreiecke in den ersten drei Zeichnungen an.

2 Zueinander parallele und nicht zueinander parallele Strecken

a) Untersuche, welche Strecken zueinander parallel sind, und berechne mit dem Strahlensatz möglichst viele Streckenlängen.
Hinweis: Es sollen dafür keine Strecken gemessen werden.

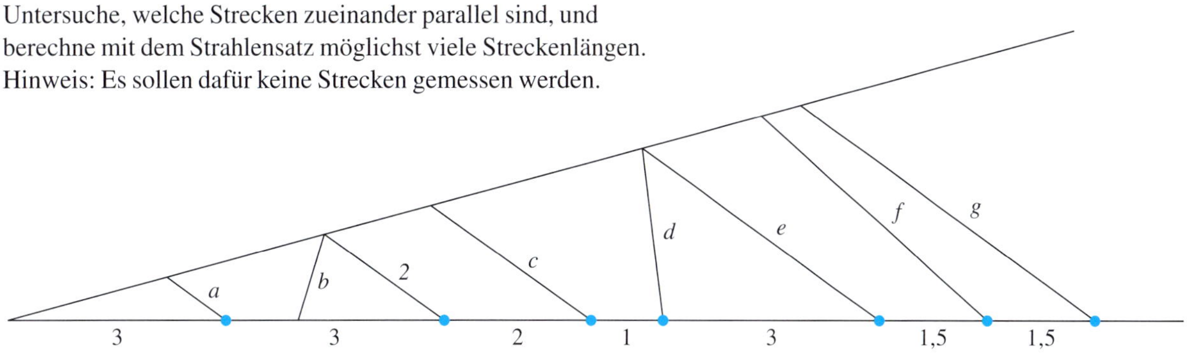

b) Wie viele zueinander ähnliche Dreiecke enthält die Figur?

Anwenden und Vernetzen

3 Gesa und Aron möchten aus 30 cm breiten, 2 cm dicken und 2,40 m langen Brettern das skizzierte symmetrische Regal bauen. An den langen Brettern am linken und rechten Rand sollen alle 40 cm Bretter befestigt werden. Insgesamt werden es vier Regalböden sein. Der kürzeste soll 34 cm lang sein.

a) Wie viele Bretter werden benötigt? Wie ist zuzuschneiden, damit ein möglichst langes Brett übrig bleibt?

b) Schätze, wie breit und wie hoch das fertige Regal sein wird.

c) Eine Farbdose ist nicht mehr voll. Ein Drittel fehlt. Auf ihr steht, dass der gesamte Inhalt für 8 m^2 reicht.
Können mit dem Farbrest die zugeschnittenen Bretter vollständig gestrichen werden?

Quadratzahlen und Quadratwurzeln

▶ Grundwissen

- Die Quadratwurzel von *a* ist diejenige nichtnegative Zahl, die mit sich selbst multipliziert *a* ergibt.
- Bei nichtnegativen Zahlen ist das Wurzelziehen die Umkehrung des Quadrierens und das Quadrieren die Umkehrung des Wurzelziehens.

Beispiele: $\sqrt{4}$ = ____ , denn ____ = 4 ______________________________

▶ Auftrag: Ergänze das Beispiel und gib ein weiteres Beispiel an.

Trainieren

1 Ergänze in einer Minute möglichst viele Quadratzahlen von 1 bis 20.

x	1	2	3	4	5	6	7	8	9	10
x^2										

x	11	12	13	14	15	16	17	18	19	20
x^2										

2 Berechne die Quadratzahlen, ohne den Taschenrechner zu nutzen.
Hinweis: Nutze die Ergebnisse aus den Tabellen bei Aufgabe 1.

a) 10^2 = ______ b) 30^2 = ______ c) 70^2 = ______ d) 130^2 = ______

1^2 = ______ 3^2 = ______ 7^2 = ______ 13^2 = ______

$0{,}1^2$ = ______ $0{,}3^2$ = ______ $0{,}7^2$ = ______ $1{,}3^2$ = ______

$0{,}01^2$ = ______ $0{,}03^2$ = ______ $0{,}07^2$ = ______ $0{,}13^2$ = ______

3 Berechne die Quadratwurzeln, ohne den Taschenrechner zu nutzen.
Hinweis: Nutze die Ergebnisse aus den Tabellen bei Aufgabe 1.

a) $\sqrt{400}$ = ______ b) $\sqrt{8\,100}$ = ______ c) $\sqrt{32\,400}$ = ______ d) $\sqrt{12\,100}$ = ______

$\sqrt{4}$ = ______ $\sqrt{81}$ = ______ $\sqrt{324}$ = ______ $\sqrt{256}$ = ______

$\sqrt{0{,}04}$ = ______ $\sqrt{0{,}81}$ = ______ $\sqrt{3{,}24}$ = ______ $\sqrt{1{,}44}$ = ______

$\sqrt{0{,}0004}$ = ______ $\sqrt{0{,}0081}$ = ______ $\sqrt{0{,}0324}$ = ______ $\sqrt{0{,}0225}$ = ______

4 Ermittle die Ergebnisse im Kopf.
Hinweis: Nutze die Ergebnisse aus den Tabellen bei Aufgabe 1.

a) $0{,}07^2$ = ______ b) 90^2 = ______ c) $1{,}9^2$ = ______

d) $\sqrt{0{,}25}$ = ______ e) $\sqrt{0{,}0064}$ = ______ f) $\sqrt{10\,000}$ = ______

g) $\sqrt{100} + 1^2$ = ______ h) $\sqrt{81} + 9^2$ = ______ i) $\sqrt{0{,}49} + 11^2$ = ______

j) $\sqrt{4} + 1^2$ = ______ k) $\sqrt{1{,}21} + 3^2$ = ______ l) $\sqrt{0{,}0144} + 6^2$ = ______

Ergebnisse zum Abstreichen:

0,0049	0,08
0,5	3
3,61	10,1
11	36,12
90	100
121,7	8 100

5 Seitenlängen und Flächeninhalte von Quadraten

a) Ergänze zuerst die Seitenlänge bzw. den Flächeninhalt. Zeichne danach beide Quadrate.

Quadrat ①: Seitenlänge: 40 mm

Flächeninhalt: ______________

Quadrat ②: Seitenlänge: ______________

Flächeninhalt: 900 mm²

b) Es sind Seitenlängen und Flächeninhalte von unterschiedlich großen Quadraten gegeben. Entscheide ohne Taschenrechner, welche vier Paare zusammengehören. Zeichne Linien ein.

3 cm | 9 cm | 81 cm² | 18 cm | 3,24 cm²

1,8 cm | 324 cm² | 9 cm² | 32,4 cm² | 0,9 cm

Anwenden und Vernetzen

6 Je größer die Dämmerungszahl ist, desto besser ist die Auflösung in der Dämmerung.

Die Dammerungszahl D ist definiert als: $D = \sqrt{V \cdot O}$, wobei V für die Vergrößerung und O für den Objektivdurchmesser stehen.

Berechne die Dämmerungszahl jedes Modells.
Welche beiden Gläser sind demnach für die Dämmerung besonders zu empfehlen?

Modell	A	B	C	D	E	F
…-fache Vergrößerung	8	20	12	8	10	25
Objektivdurchmesser in mm	30	50	40	40	25	30
Dämmerungszahl						

____

7 Differenzen von Quadratzahlen

a) Schreibe die Differenz der jeweils aufeinander folgenden Quadratzahlen von 1 bis 10 auf. Was fällt dir auf?

____

____

b) Überprüfe deine Regel von Teilaufgabe **a** am Beispiel der Quadrate von 99; 100 und 101.

____

____

____

Intervallschachtelung und irrationale Zahlen

▶ Grundwissen

- Irrationale Zahlen sind nichtperiodische Dezimalzahlen mit unendlich vielen Nachkommastellen.
  Beispiel: $\sqrt{2} = 1{,}414\,213\,562\,373\,095\,048\,801\,688\,724\,209\,698\,078\,569\,671\,875\,376\,9\ldots$
- Alle irrationalen und rationalen Zahlen bilden zusammen die Menge der reellen Zahlen.
- Mithilfe der Intervallschachtelung kann man beliebig genaue Näherungswerte ermitteln.
  Beispiel: Ermitteln von Näherungswerten für $\sqrt{2}$

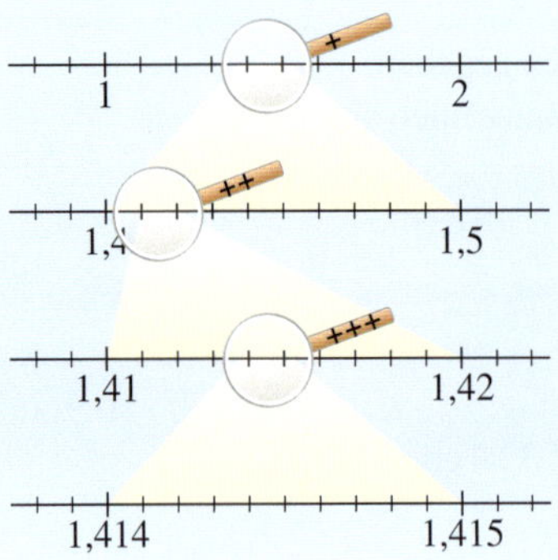

$1 < \sqrt{2} < 2$,	denn $1^2 < 2 < 2^2$.
$1{,}4 < \sqrt{2} < 1{,}5$,	denn $1{,}4^2 < 2 < 1{,}5^2$.
$1{,}41 < \sqrt{2} <$ ______	denn $1{,}41^2 < 2 < 1{,}42^2$.
$1{,}414 < \sqrt{2} <$ ______	denn $1{,}414^2 < 2 < 1{,}415^2$.

▶ Auftrag: Ergänze die Intervallschachtelung.

Trainieren

1 Kreuze alle passenden Zahlen an.

a) Zur Menge der irrationalen Zahlen gehören …

☐ -7 ☐ 7^2 ☐ $\sqrt{7}$ ☐ $1{,}\overline{7}$ ☐ $\sqrt{0{,}09}$ ☐ $\sqrt{9}$ ☐ $\sqrt{11}$ ☐ $1\frac{1}{66}$

b) Zur Menge der reellen Zahlen gehören …

☐ -7 ☐ 7^2 ☐ $\sqrt{7}$ ☐ $1{,}\overline{7}$ ☐ $\sqrt{0{,}09}$ ☐ $\sqrt{9}$ ☐ $\sqrt{11}$ ☐ $1\frac{1}{66}$

2 Zwischen welchen benachbarten natürlichen Zahlen liegt die Zahl?
Hinweis: Die Zahlen sind ohne Taschenrechner zu ermitteln.

a) ______ $< \sqrt{30} <$ ______ b) ______ $< \sqrt{40} <$ ______ c) ______ $< \sqrt{50} <$ ______

d) ______ $< \sqrt{61} <$ ______ e) ______ $< \sqrt{72} <$ ______ f) ______ $< \sqrt{83} <$ ______

g) ______ $< \sqrt{12{,}6} <$ ______ h) ______ $< \sqrt{78{,}6} <$ ______ i) ______ $< \sqrt{411{,}7} <$ ______

j) ______ $< \sqrt{5{,}71} <$ ______ k) ______ $< \sqrt{15{,}4} <$ ______ l) ______ $< \sqrt{110{,}8} <$ ______

3 x steht für eine natürliche Zahl.
Gib jeweils an, welche Zahlen die Bedingung erfüllen und wie viele es sind.

$10 < \sqrt{x} < 11$ ______ $< x <$ 121 ______ Zahlen erfüllen die Bedingungen.

$10{,}3 < \sqrt{x} < 10{,}7$ ______ $< x <$ ______ ______ Zahlen erfüllen die Bedingungen.

$10{,}4 < \sqrt{x} < 10{,}5$ ______ $< x <$ ______ ______ Zahlen erfüllen die Bedingungen.

$10{,}48 < \sqrt{x} < 10{,}49$ ______ $< x <$ ______ ______________________

$10{,}483 < \sqrt{x} < 10{,}487$ ______ $< x <$ ______ ______________________

4 Ermittle mithilfe der Intervallschachtelung Näherungswerte wie im „Grundwissen".
Hinweis: Probiere mit dem Taschenrechner. Nutze dabei nur die Taste zum Quadrieren.

a) ____ $< \sqrt{3} <$ ____
____ $< \sqrt{3} <$ ____
____ $< \sqrt{3} <$ ____

b) ____ $< \sqrt{17} <$ ____
____ $< \sqrt{17} <$ ____
____ $< \sqrt{17} <$ ____

c) ____ $< \sqrt{34} <$ ____
____ $< \sqrt{34} <$ ____
____ $< \sqrt{34} <$ ____

d) ____ $< \sqrt{82} <$ ____
____ $< \sqrt{82} <$ ____
____ $< \sqrt{82} <$ ____

e) ____ $< \sqrt{6{,}9} <$ ____
____ $< \sqrt{6{,}9} <$ ____
____ $< \sqrt{6{,}9} <$ ____

f) ____ $< \sqrt{0{,}4} <$ ____
____ $< \sqrt{0{,}4} <$ ____
____ $< \sqrt{0{,}4} <$ ____

Anwenden und Vernetzen

5 Schreibe die Zahlen in die passenden Bereiche.

$\frac{1}{10}$ | $-0{,}2$ | $-0{,}2\overline{6}$ | $\sqrt{2}$ | -5 | 10 | -10 | -1 Mio.

$-\sqrt{\frac{1}{100}}$ | $0{,}2\overline{6}$ | $\sqrt{0{,}04}$ | $\sqrt{25}$ | $\sqrt{5}$ | $\sqrt{11}$ | 1 Mio.

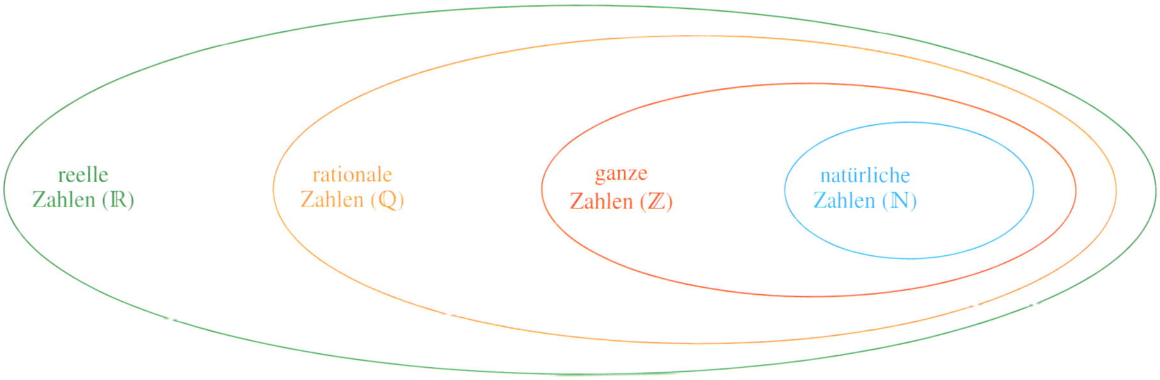

6 Ida und Adrian spielen Zahlenraten. Sieger ist, wer nach weniger Fragen die natürliche Zahl nennt.
Ähnlich wie bei der Matrjoschka werden die infage kommenden Bereiche zum Ziel hin immer kleiner.

Adrian fragt: „Ist die aufgeschriebene Zahl größer als 50?"
Ida antwortet: „Nein." ____ $< x <$ ____

Adrian fragt: „Ist die aufgeschriebene Zahl größer als 25?"
Ida antwortet: „Ja." ____ $< x <$ ____

Adrian fragt: „Ist die aufgeschriebene Zahl kleiner als 37?"
Ida antwortet: „Ja." ____ $< x <$ ____

Adrian fragt: „Ist die aufgeschriebene Zahl größer als ____

a) Ergänze jeweils rechts das ermittelte Intervall (den Bereich), in dem die gesuchte Zahl x liegt.

b) Vervollständige geschickt die letzte Frage.

c) Die letzte Frage wird mit „Nein." beantwortet. Welche Zahlen kommen dann infrage? ____

d) Zusatzaufgabe: Spielt zu zweit vier Runden Zahlenraten.
Sieger ist, wer die Zahl mit den wenigsten Fragen ermittelt.

Der Satz des Pythagoras

▶ Grundwissen

In jedem rechtwinkligen Dreieck ist die Summe der Flächeninhalte der Quadrate über den Katheten genauso groß wie der Flächeninhalt des Quadrates über der Hypotenuse.

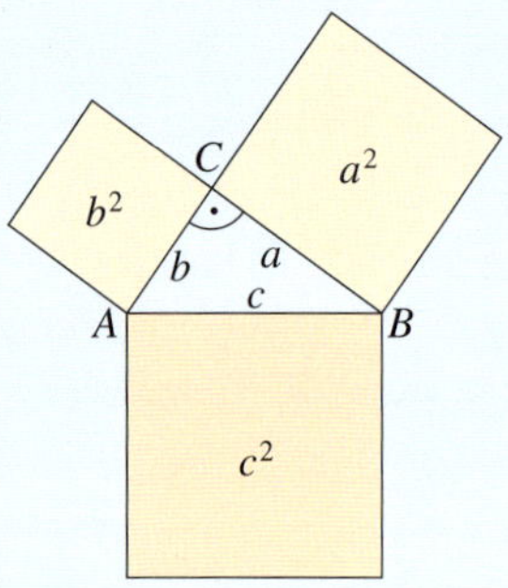

Formel: ____________ a und b sind Katheten. c ist die Hypotenuse.

Beispiel:

$a^2 + (1{,}2\,\text{cm})^2 = (2\,\text{cm})^2 \quad | - (1{,}2\,\text{cm})^2$
$a^2 = (2\,\text{cm})^2 - (1{,}2\,\text{cm})^2$
$a = \sqrt{2{,}56\,\text{cm}^2}$
$a = 1{,}6\,\text{cm}$

▶ **Auftrag:** Ergänze die Formel passend zur Zeichnung.

Trainieren

1 Gib jeweils zuerst die zum Satz des Pythagoras passende Gleichung an.
Berechne danach die fehlende Seitenlänge.
Hinweis: Markiere jeweils die Hypotenuse.

a)
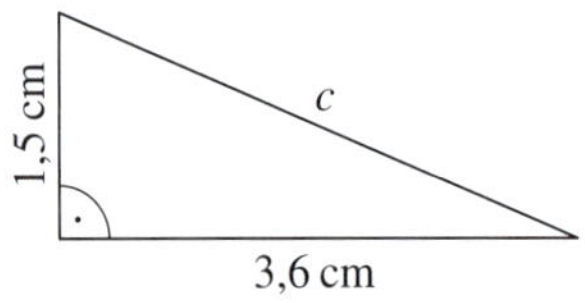

b)
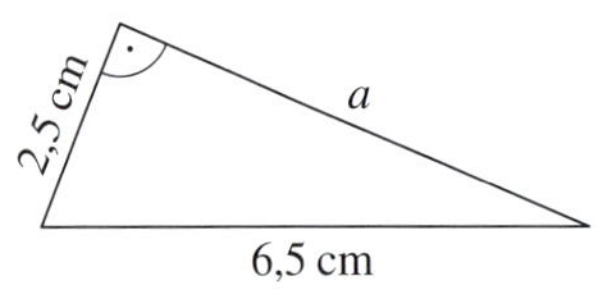

c)
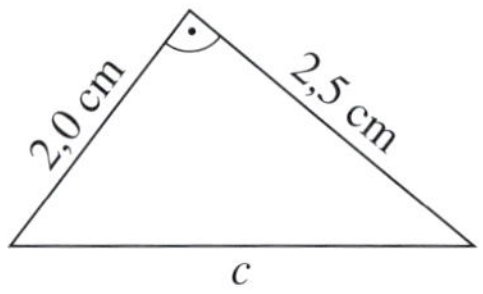

d)
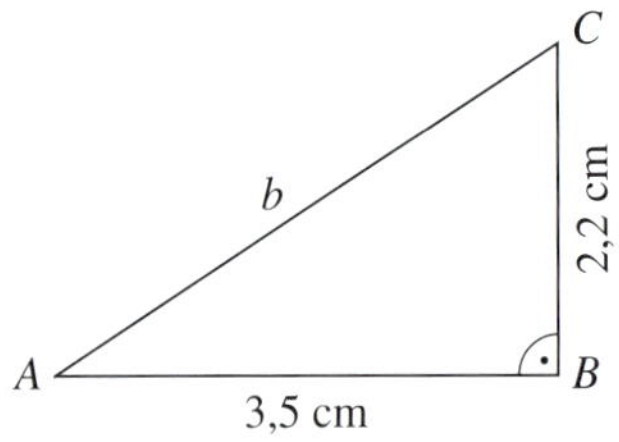

e)
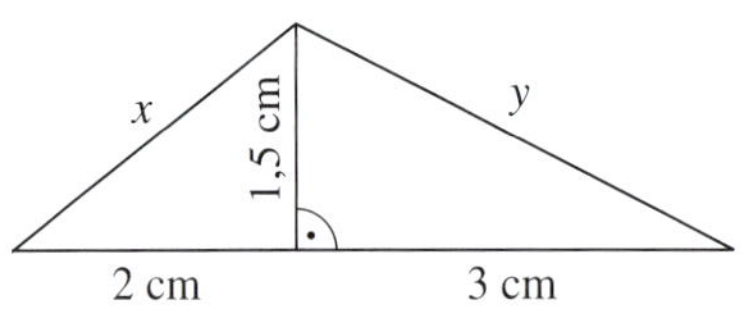

f)
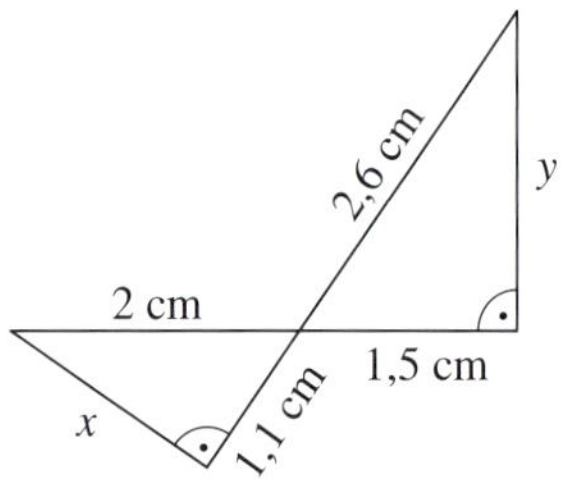

2 Kreuze alle richtig aufgestellten Gleichungen an.

a)

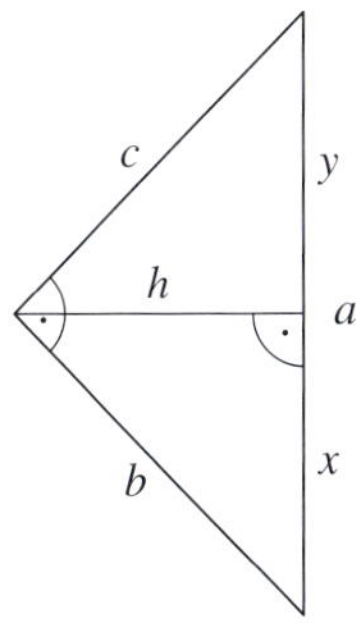

- ☐ $a^2 = c^2 + b^2$
- ☐ $b^2 = c^2 - a^2$
- ☐ $h^2 = c^2 + a^2$
- ☐ $b^2 = x^2 + h^2$
- ☐ $y = \sqrt{c^2 - h^2}$
- ☐ $x = \sqrt{b - h}$

b)

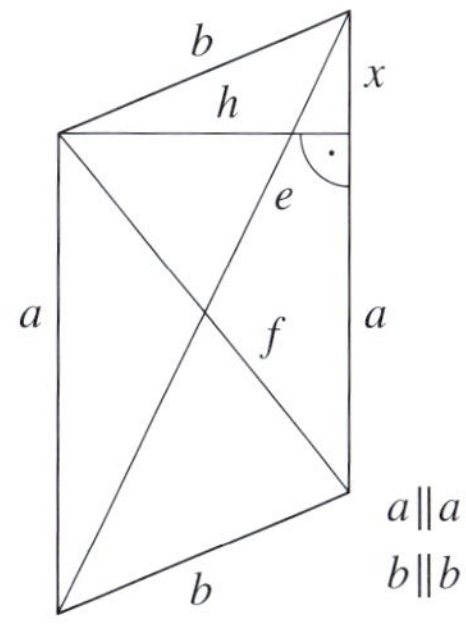

- ☐ $a^2 + b^2 = f^2$
- ☐ $h^2 + a^2 = e^2$
- ☐ $x = \sqrt{b^2 - h^2}$
- ☐ $e = \sqrt{(a-x)^2 + h^2}$
- ☐ $b^2 + \left(\frac{e}{2}\right)^2 = \left(\frac{f}{2}\right)^2$
- ☐ $e^2 = a^2 + b^2$

3 Handelt es sich um rechtwinklige Dreiecke?
Unterstreiche gegebenenfalls die Seite, die dem rechten Winkel gegenüberliegt.
Zusatzaufgabe: Ändere eine Seitenlänge, sodass ein rechtwinkliges Dreieck vorliegt.

a) $a = 0{,}5\,\text{cm}$; $b = 0{,}3\,\text{cm}$; $c = 0{,}4\,\text{cm}$ ☐ rechtwinklig ☐ nicht rechtwinklig

b) $a = 1{,}2\,\text{m}$; $b = 20\,\text{dm}$; $c = 1{,}6\,\text{m}$ ☐ rechtwinklig ☐ nicht rechtwinklig

c) $a = 270\,\text{m}$; $b = 450\,\text{m}$; $c = 210\,\text{m}$ ☐ rechtwinklig ☐ nicht rechtwinklig

d) $a = 250\,\text{cm}$; $b = 2{,}8\,\text{m}$; $c = 24\,\text{dm}$ ☐ rechtwinklig ☐ nicht rechtwinklig

Anwenden und Vernetzen

4 Unter einem 2,18 m hohen, 1,05 m breiten und 0,65 m tiefen Schrank soll Teppich verlegt werden.
Das Zimmer ist 2,40 m hoch.
Um welche Kante muss der Schrank beim Verlegen des Teppichs gekippt werden?

5 Wenn man die Kugel am Ende eines Fadenpendels 20 cm (waagerecht gemessen) zur Seite auslenkt, so gewinnt die Kugel 2 cm an Höhe. Wie lang ist das Pendel?
Hinweis: Vervollständige die Zeichnung zu einer für die Aufgabe hilfreichen Skizze.

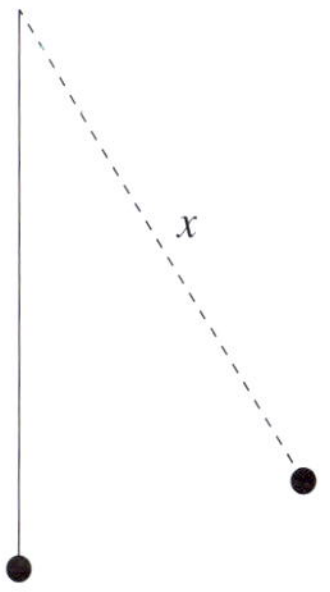

6 Berechne die Längen der Raumdiagonalen d eines Würfels mit der Kantenlänge $k = 4\,\text{cm}$.
Zusatzaufgabe: Gib eine möglichst kurze allgemeine Formel zur Berechnung der Raumdiagonalen d eines Würfels mit beliebiger Kantenlänge k an.

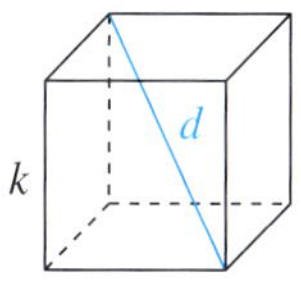

Der Satz des Thales

▶ Grundwissen

- Wenn der Punkt C eines Dreiecks ABC auf einem Kreis liegt, der die Strecke $\overline{AB}$ als Durchmesser hat, dann hat das Dreieck bei C einen rechten Winkel. ☐ wahr ☐ falsch
- Wenn das Dreieck ABC ein rechtwinkliges Dreieck mit $\gamma = 90°$ ist, dann liegt C auf dem Kreis mit dem Durchmesser $\overline{AB}$. ☐ wahr ☐ falsch
- Genau dann, wenn C auf einem Kreis mit dem Durchmesser $\overline{AB}$ liegt, ist der Winkel BCA ein rechter Winkel. ☐ wahr ☐ falsch

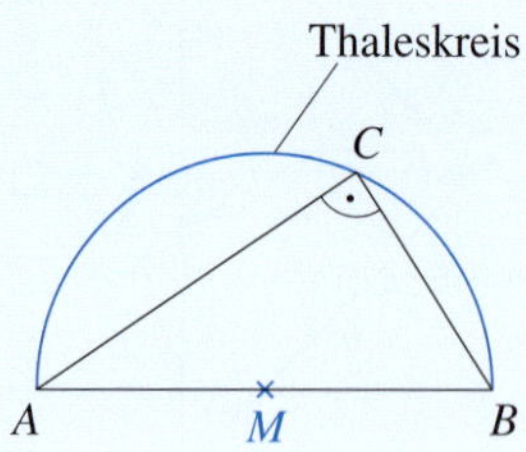

▶ Auftrag: Kreuze an. Überlege, wie eine der Entscheidungen begründet werden kann.

Trainieren

1 Zeichne drei rechtwinklige Dreiecke in den Halbkreis ein.
Markiere die rechten Winkel.

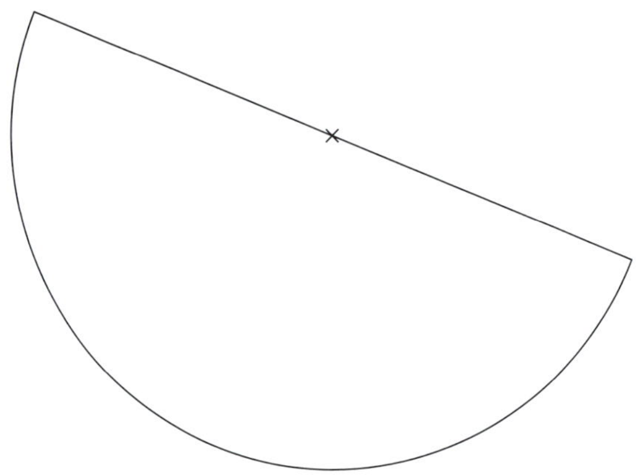

2 Überprüfe jeweils mit einem Zirkel, ob das Dreieck rechtwinklig ist.
Markiere gegebenenfalls den rechten Winkel.
Hinweis: Winkelmesser, Geodreieck und andere Hilfsmittel zum Messen rechter Winkel sind nicht zu verwenden.

a)

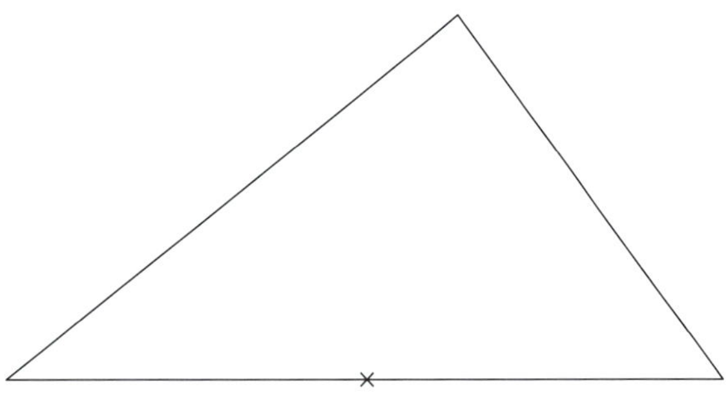

b)

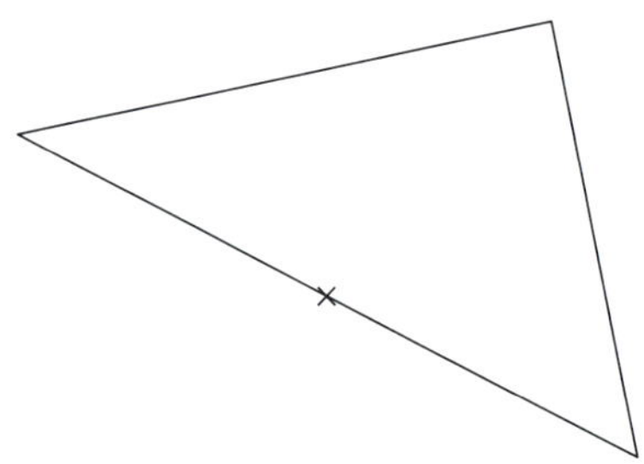

c)

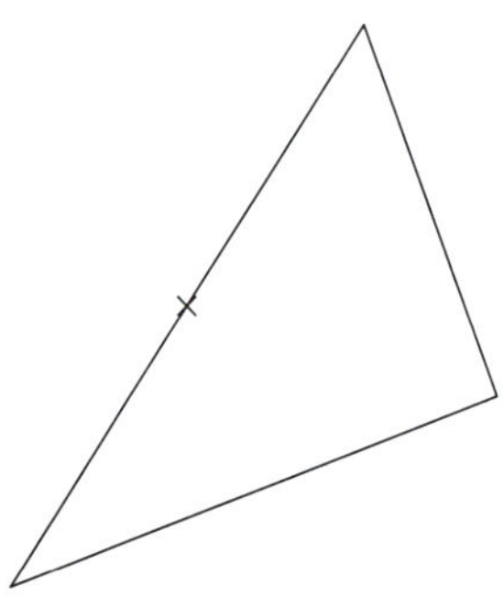

d)

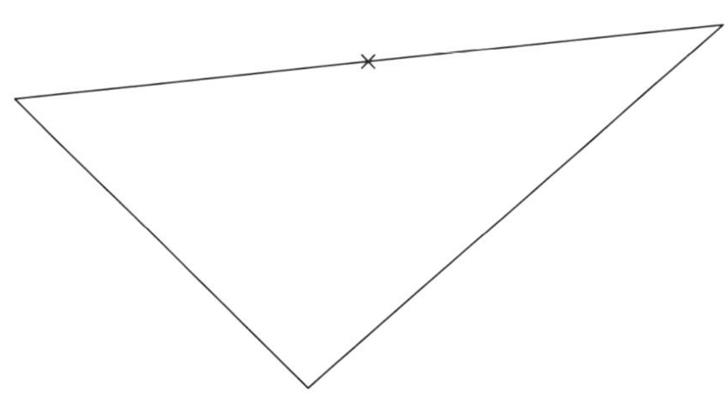

3 Die längste Seite eines rechtwinkligen Dreiecks ist 5 cm lang.
Die kürzeste Seite ist 3 cm lang.
Ermittle mithilfe einer Zeichnung die fehlende Seitenlänge.

5 cm

4 Zeichne ein rechtwinkliges Dreieck *ABC* mit …

a) $b = 5$ cm; $c = 3{,}5$ cm und $\beta = 90°$

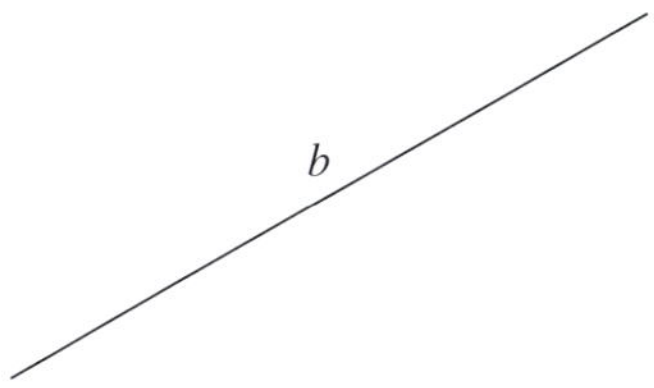

b) $a = 5$ cm; $c = 2$ cm und $\alpha = 90°$

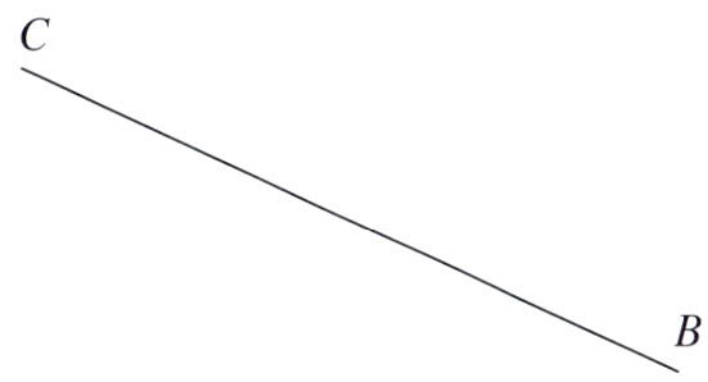

Anwenden und Vernetzen

5 Berechne alle fehlenden Winkelgrößen. Nutze dabei keine Hilfsmittel zum Messen.

a)

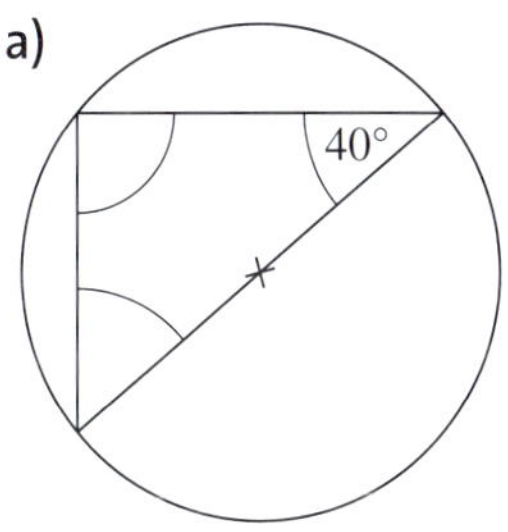

b)

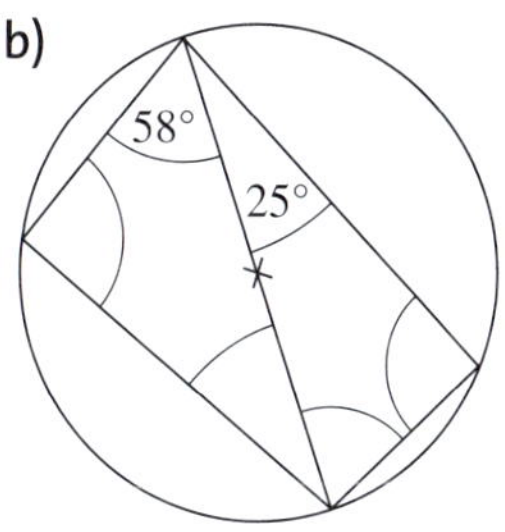

c)

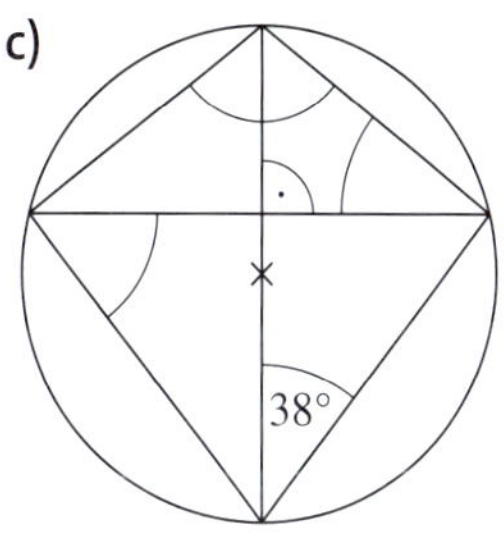

d)

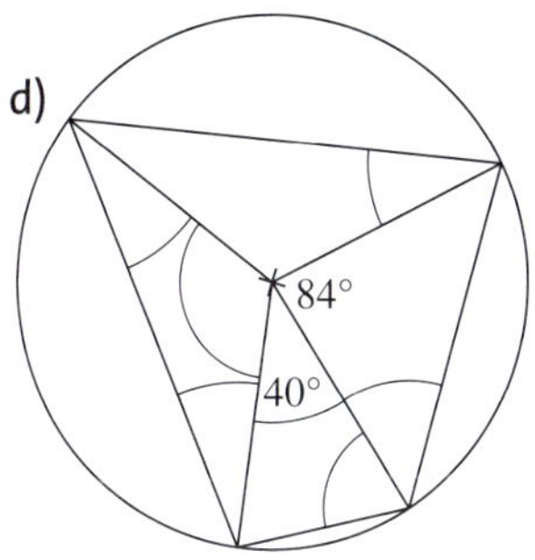

6 Beschreibe kurz, wie Mister Schnurstöckchen mithilfe einer Schnur und Stöckchen das abgesteckte Beet in ein rechteckiges Beet umwandeln könnte. Nur zwei Eckstöckchen sollen dazu versetzt werden.
Hinweise: Skizziere im Bild links die entsprechenden Schritte. Kontrolliert die Beschreibungen gegenseitig.

Baumdiagramme

▶ Grundwissen

Mit Baumdiagrammen können mehrstufige Zufallsversuche dargestellt werden.

Beispiel:
Martin (M), Alexander (A) und Kolja (K) überlegen, wer beim Staffellauf als Erster, Zweiter bzw. Dritter startet.
Dafür veranschaulichen sie alle Möglichkeiten genau einmal.

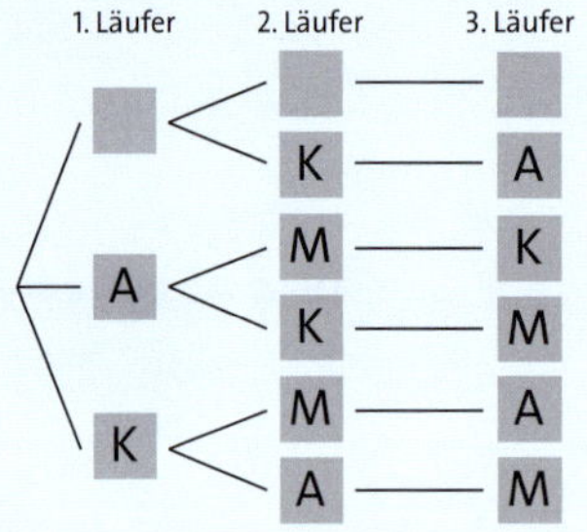

Variante 1: ______________________
Variante 2: Martin – Kolja – Alexander
Variante 3: Alexander – Martin – Kolja
Variante 4: Alexander – Kolja – Martin
Variante 5: Kolja – Martin – Alexander
Variante 6: Kolja – Alexander – Martin

▶ **Auftrag:** Ergänze Variante 1.

Trainieren

1 Jeder der drei Streifen der Flagge des Sportclubs Tricolor soll eine andere Farbe haben. Schwarz, Grün, Blau und Rot stehen zur Verfügung.

a) Veranschauliche im Baumdiagramm alle Möglichkeiten. Färbe dazu die Teile der Flaggen ein.

b) Markiere die drei am besten aussehenden Flaggen.

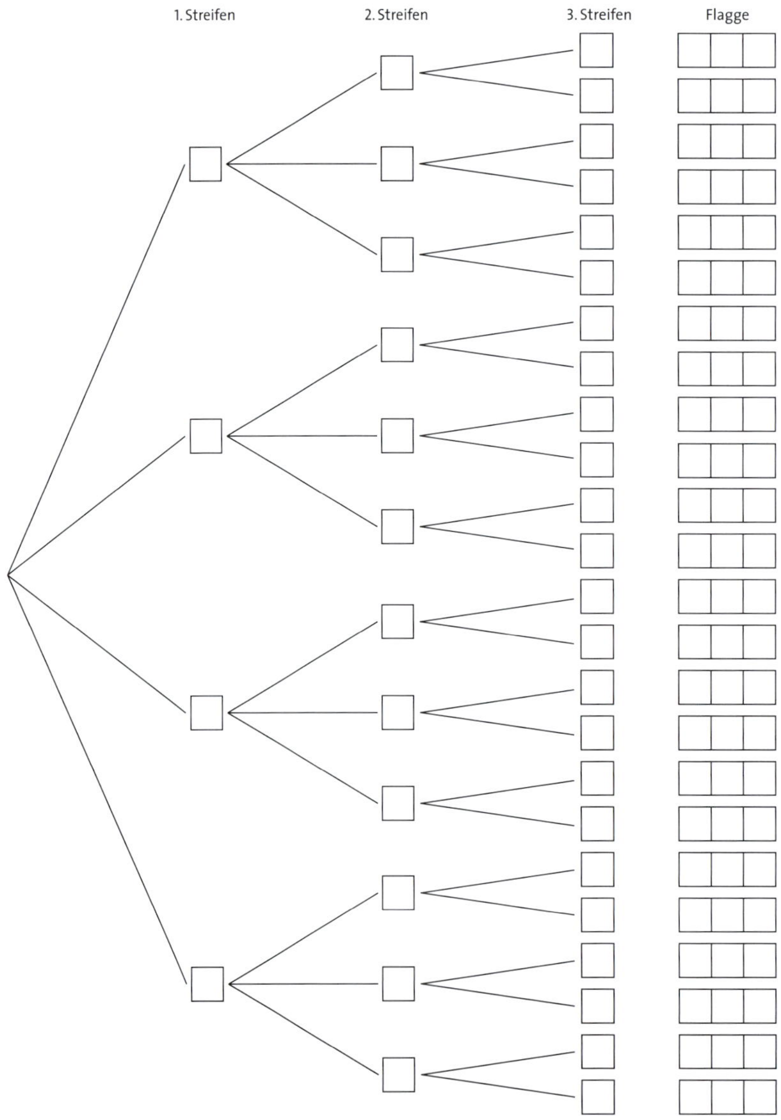

2 Anordnen von Buchstaben

a) Stelle im Baumdiagramm alle Möglichkeiten, die Buchstaben O, R und T nacheinander anzuordnen, dar.
Notiere rechts daneben die Möglichkeiten und unterstreiche alle Anordnungen, die ein sinnvolles Wort ergeben.

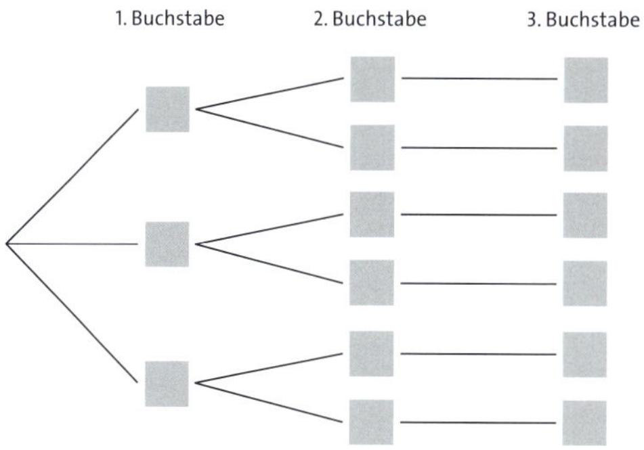

b) Wie viele Möglichkeiten gibt es, die Buchstaben O, R, T und E nacheinander anzuordnen?
Begründe dein Ergebnis.

Anwenden und Vernetzen

3 Anna sagt: „Ich habe drei Geschwister. Mindestens eins davon ist ein Bruder."
Stefanie sagt: „Ich habe auch drei Geschwister. Das jüngste ist ein Bruder."

Finde mithilfe eines Baumdiagramms heraus, wer von beiden vermutlich eher mindestens zwei Brüder haben kann.
Begründe deine Meinung.
Hinweis: Schreibe jeweils „J" für Bruder bzw. Junge und „M" für Schwester bzw. Mädchen.

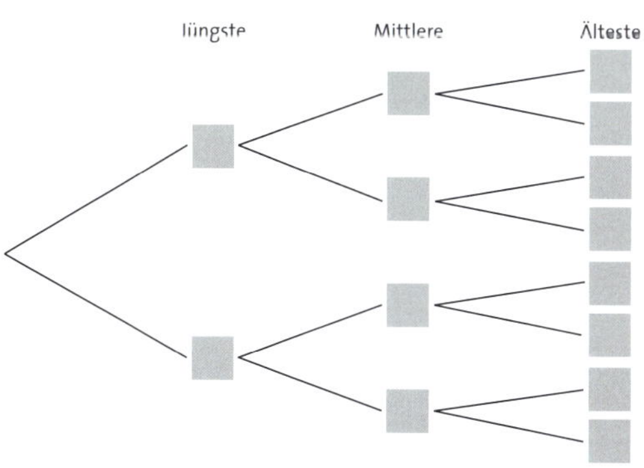

Geschwister nach dem Alter sortiert von Anna:

Geschwister nach dem Alter sortiert von Stefanie:

Pfadregel und Summenregel

▶ Grundwissen

- Pfadregel: Bei zweistufigen Zufallsexperimenten erhält man die Wahrscheinlichkeit eines Ergebnisses, indem man die Wahrscheinlichkeiten entlang des zugehörigen Pfades multipliziert.
- Summenregel: Bei zweistufigen Zufallsexperimenten ist die Wahrscheinlichkeit eines Ereignisses gleich der Summe der Wahrscheinlichkeiten aller Pfade, die zum Ereignis gehören.

Beispiel:
Martin (M), Alexander (A) und Kolja (K) überlegen:
Wie wahrscheinlich ist es, dass nach der Auslosung Martin als Erster und Alexander als Zweiter startet?
Wie wahrscheinlich ist es, dass nach der Auslosung Martin als Zweiter startet?

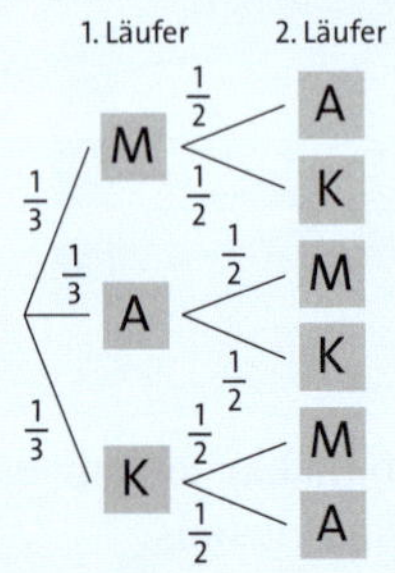

P(„Martin als Erster und Alexander als Zweiter") = ____________

P(„Martin als Zweiter") = ____________

▶ Auftrag: Berechne die gesuchten Wahrscheinlichkeiten.

Trainieren

1 Das Glücksrad wird zweimal gedreht.

a) Ergänze das zugehörige Baumdiagramm, die Ergebnisse und die Wahrscheinlichkeiten.

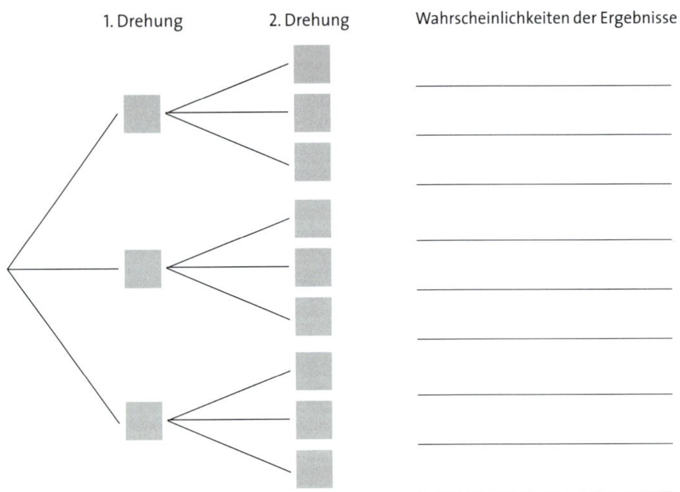

b) Vervollständige folgende Tabelle.

erzielte Summe nach zweimal Drehen					
Wahrscheinlichkeit					

c) Mit welcher Wahrscheinlichkeit ist die erzielte Summe größer als 4?

____

d) Gib ein Beispiel für ein Ereignis an, das mit der Wahrscheinlichkeit 0 eintritt.

____

2 Eine 50-Cent-Münze und ein Spielwürfel mit den Augenzahlen 1 bis 6 fallen gleichzeitig zu Boden.

a) Vervollständige das Baumdiagramm so, dass alle möglichen Ergebnisse leicht ablesbar sind.

b) Gib die entsprechenden Wahrscheinlichkeiten an.

A: „Wappen und eine Augenzahl, die größer als 4 ist“

____

B: „50 Cent und eine Augenzahl, die kleiner bzw. gleich 3 ist“

____

c) Gib ein Experiment (ohne Spielwürfel und Münze) an, das auch durch den Baum von Teilaufgabe **a** beschrieben wird.
Hinweis: Kontrolliert die Beschreibungen gegenseitig.

____

____

____

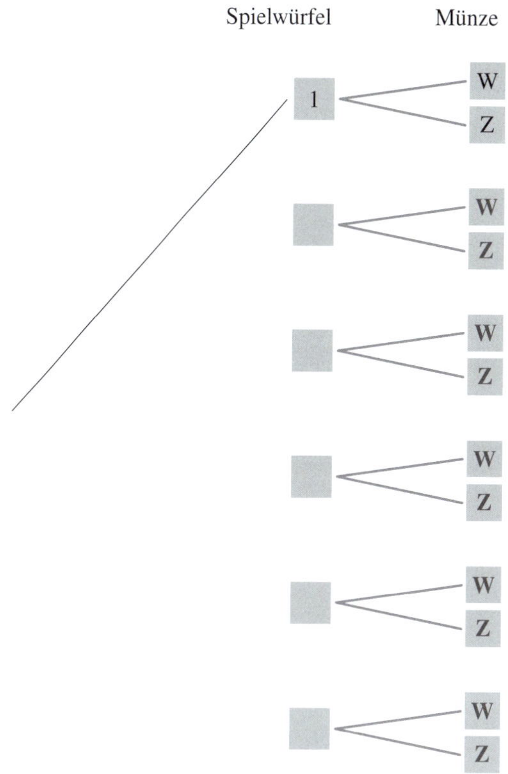

Anwenden und Vernetzen

3 Micha Steiger übte im Training Elfmeterschießen. Er schoss jeweils dreimal hintereinander. Der Trainer hat festgestellt, dass die Konzentration des Spielers nachlässt. Er notierte alle Ergebnisse und erstellte die abgebildete Erfolgsstatistik.

Schuss	1	2	3
Wahrscheinlichkeit für einen Treffer	90 %	75 %	70 %

a) Erstelle ein vollständig beschriftetes Baumdiagramm. Trage darin die Wahrscheinlichkeiten ein.
Hinweis: „T“ steht für „Treffer“ und „N“ für „kein Tor“.

b) Mit welcher Wahrscheinlichkeit trifft Steiger dreimal hintereinander?

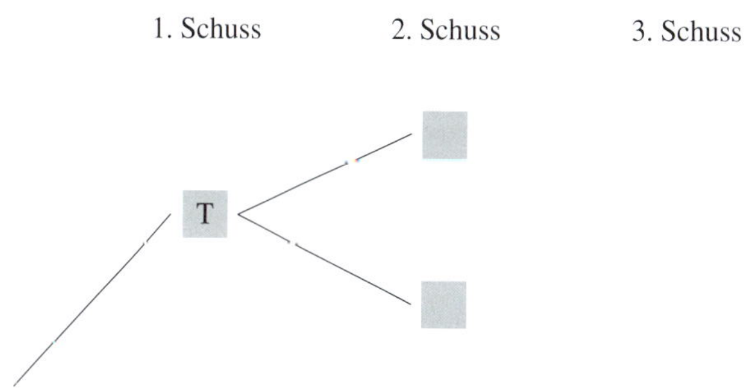

____

____

____

c) Schreibe das Ereignis E_1: „Er schießt höchstens ein Tor“ als Menge und berechne $P(E_1)$.

____

____

d) Der Ball eines Profifußballers fliegt mit ca. $100\,\frac{km}{h}$. Überschlage, wie lange er für 11 m benötigt.

____

Umfänge von Kreisen

▶ Grundwissen

- Der Quotient von Umfang u und Durchmesser d ist bei allen Kreisen gleich. $u : d = \pi \approx 3{,}14$
- Für den Umfang u eines Kreises gilt: $u = \pi \cdot d$

  $u =$ ____________

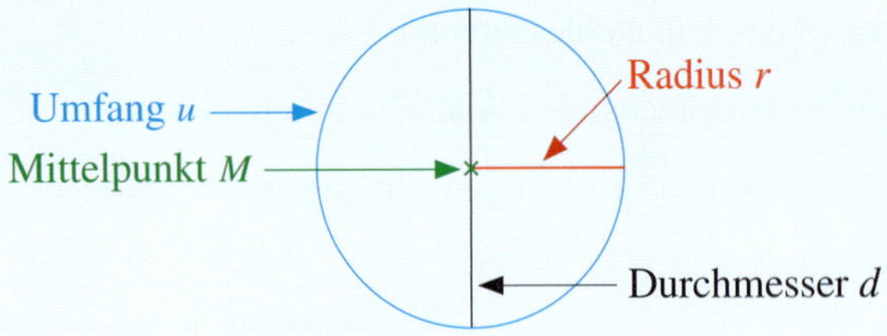

▶ **Auftrag:** Stelle eine Formel zur Berechnung des Umfangs u mithilfe des Radius r auf.

Trainieren

1

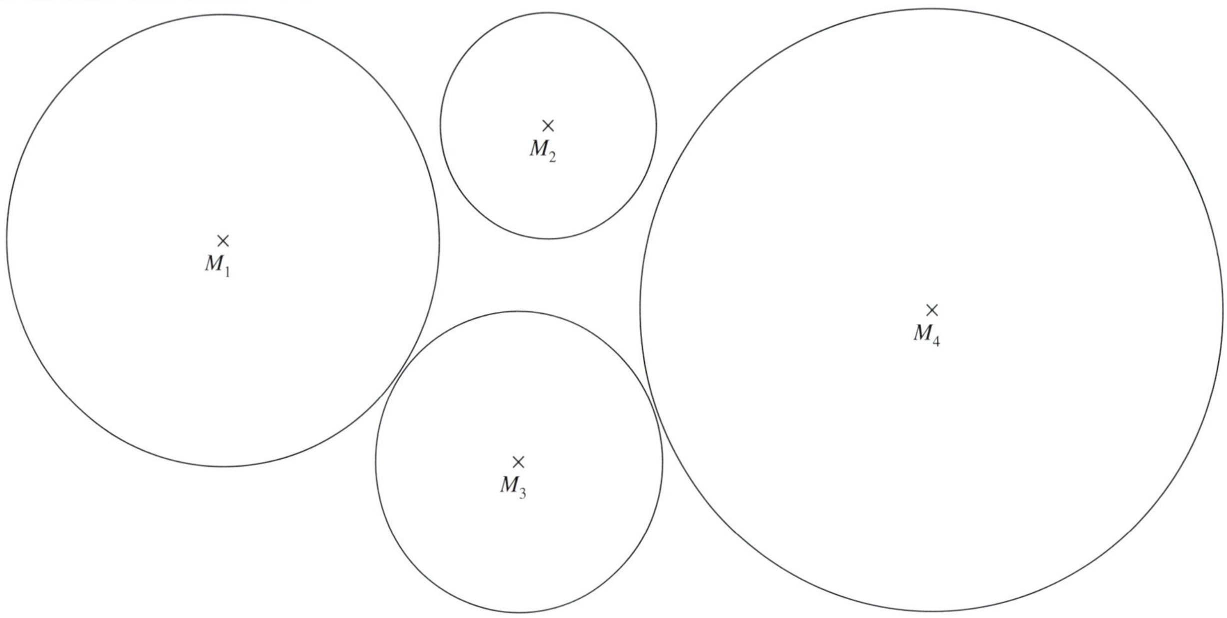

a) Die Umfänge der Kreise wurden geschätzt. Ermittle, ohne zu messen, jeweils den besseren Schätzwert. Kreuze ihn an.

Kreis um M_1 ☐ 20 cm ☐ 25 cm

Kreis um M_2 ☐ 10 cm ☐ 15 cm

Kreis um M_3 ☐ 9 cm ☐ 12 cm

Kreis um M_4 ☐ 16 cm ☐ 24 cm

b) Berechne jeweils mithilfe des Durchmessers den Umfang. Runde auf Hundertstel.

$u_1 =$ ____________ $u_2 =$ ____________ $u_3 =$ ____________ $u_4 =$ ____________

2 Berechne die fehlenden Werte. Runde auf Hundertstel.

Durchmesser	10,00 cm			237,00 mm		
Radius		0,14 m			11,40 dm	
Umfang			17,28 km			25,76 dm

3 Von oben gesehen sind folgende Objekte Kreise. Ordne diesen den entsprechenden Umfang zu.

Münze	Mittelkreis eines Fußballfeldes	Rad eines Fahrrades	Teller	Longdrinkglas

1,95 dm	57,8 m	7,23 cm	2,17 m	75,4 cm	37,15 cm

4 Berechne jeweils den Umfang der gelben Flächen. Miss dazu benötigte Streckenlängen.

a) 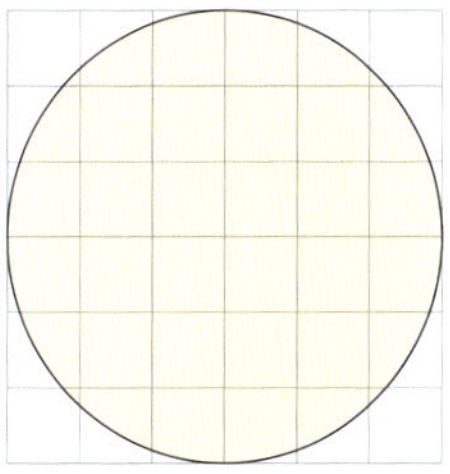 Umfang:

b) 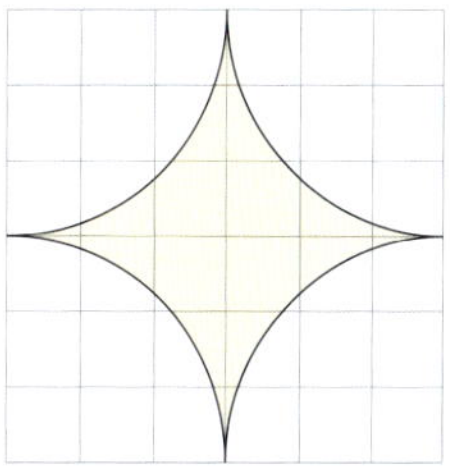 Umfang:

c) 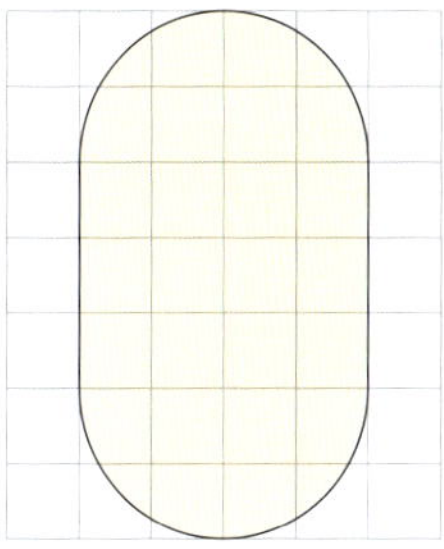 Umfang:

d) 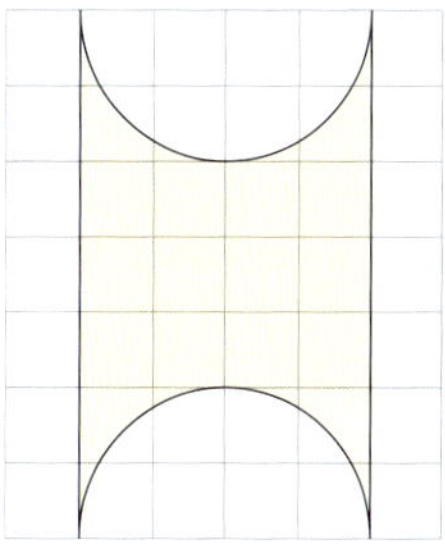 Umfang:

5 Kann mit einem 20 m langen Seil ein Kreis mit 6 m Durchmesser gelegt werden?
Begründe kurz deine Antwort.

Anwenden und Vernetzen

6 Die abgebildete Figur wurde nur mit einem Zirkel gezeichnet.
Der weiße Kreis hat einen Durchmesser von 1,2 cm.

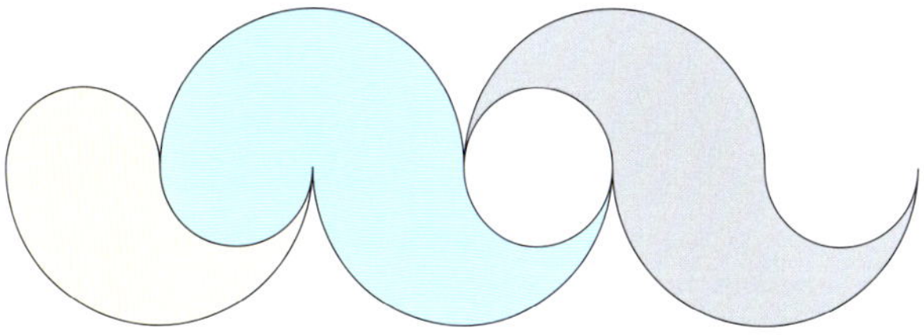

a) Zeichne die Figur im Maßstab 2 : 1.

b) Berechne von der Figur im Maßstab 2 : 1 jeweils den Umfang folgender Teilfiguren.
Zusatzaufgabe: Prüfe mithilfe einer Schnur, ob deine Ergebnisse bei Teilaufgabe **b** richtig sein können.

weißer Kreis

blaue Fläche

graue Fläche

gelbe Fläche

Flächeninhalte von Kreisen

▶ Grundwissen

Der Flächeninhalt A eines Kreises mit dem Radius r lässt sich mit folgender Formel berechnen.

$A = r^2 \cdot \pi$

$A =$ ________________

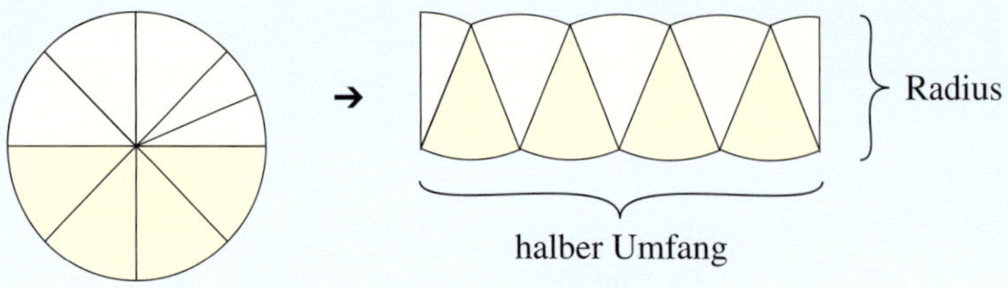

▶ Auftrag: Stelle eine Formel zur Berechnung des Flächeninhalts A mithilfe des Durchmessers d auf.

Trainieren

1

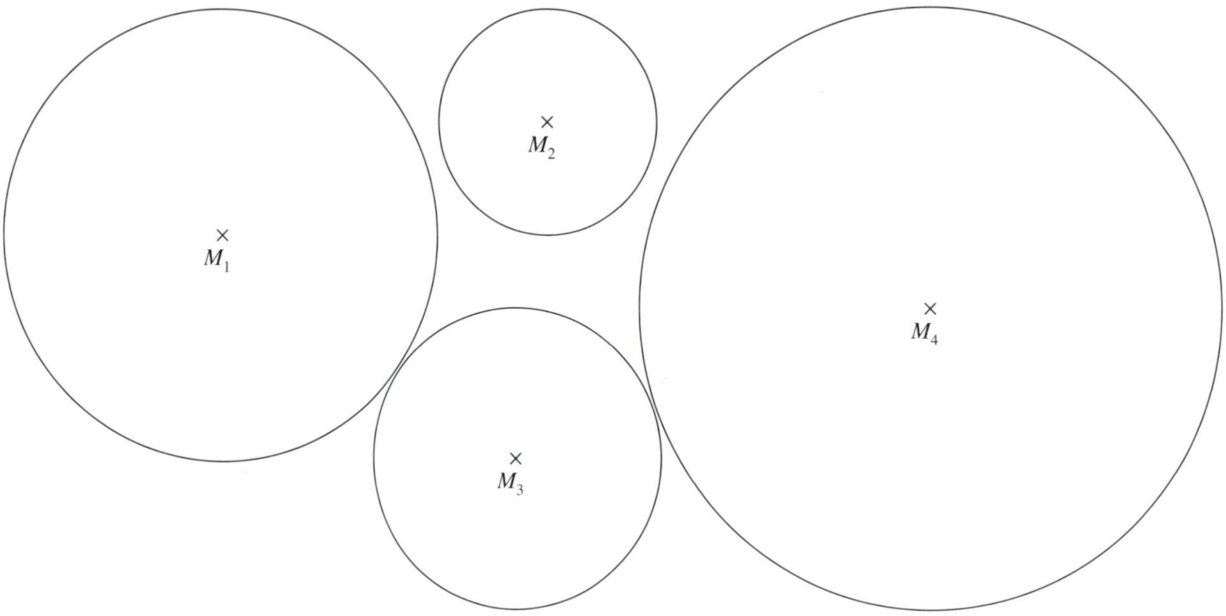

a) Die Flächeninhalte der Kreise wurden geschätzt.
Ermittle, ohne zu messen, jeweils den besseren Schätzwert. Kreuze ihn an.

Kreis um M_1 ☐ 27 cm² ☐ 45 cm²

Kreis um M_2 ☐ 6 cm² ☐ 7 cm²

Kreis um M_3 ☐ 6 cm² ☐ 12 cm²

Kreis um M_4 ☐ 48 cm² ☐ 78 cm²

b) Berechne jeweils mithilfe des Radius den Flächeninhalt. Runde auf Hundertstel.

$A_1 =$ ________ $A_2 =$ ________ $A_3 =$ ________ $A_4 =$ ________

2 Berechne die fehlenden Werte. Runde auf Hundertstel.

Durchmesser		0,28 m		23,7 m		
Radius	5,00 cm					4,1 dm
Flächeninhalt			23,76 km²		4,52 dm²	

3 Von oben gesehen sind folgende Objekte Kreise. Schätze, wie groß die entsprechenden Flächeninhalte sind.

a) 1-Euro-Münze ____________

b) Mittagsteller ____________

c) Tischtennisball ____________

d) Mittelkreis eines Fußballfeldes ____________

4 Berechne jeweils den Flächeninhalt der gelben Flächen. Miss dazu benötigte Streckenlängen.
Hinweis: Prüfe mithilfe der Kästchen, ob deine Ergebnisse stimmen können.

a) 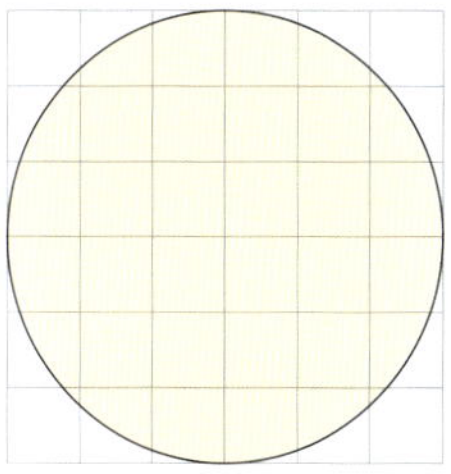

Flächeninhalt:

b) 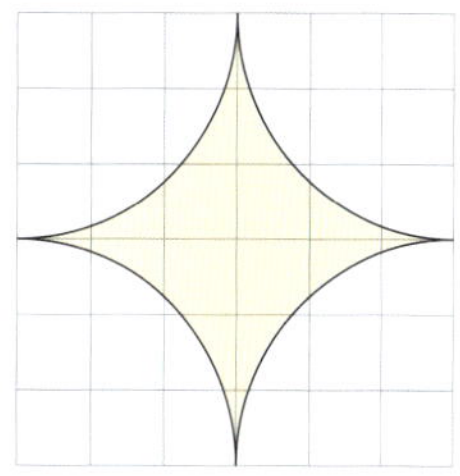

Flächeninhalt:

c) 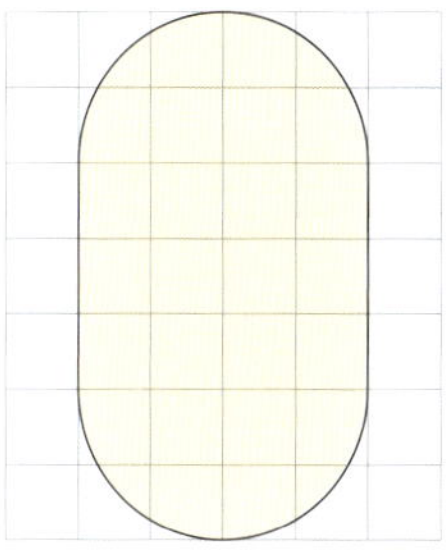

Flächeninhalt:

d) 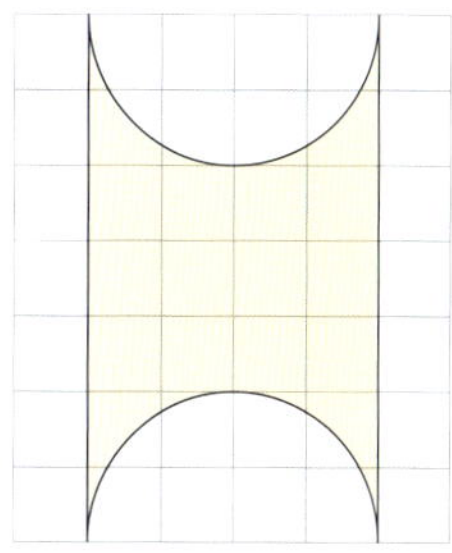

Flächeninhalt:

5 Mit einer 16 cm langen Schnur wurde zuerst ein Quadrat und danach ein Kreis gelegt.
Welche der beiden Figuren hatte den größeren Flächeninhalt?

Anwenden und Vernetzen

6 Die Zuschauerplätze einer Freilichtbühne sind auf einer halbkreisförmigen Fläche mit 42,00 m Durchmesser angeordnet.
Pro Zuschauer wird ein Platzbedarf von $0{,}60\,m^2$ angenommen.
Wie viele Eintrittskarten können verkauft werden?

7 Bei der Restauration einer Kirche soll das folgende Ornament nachgezeichnet werden.
Für einen Quadratmeter benötigt man 0,8 l Farbe.

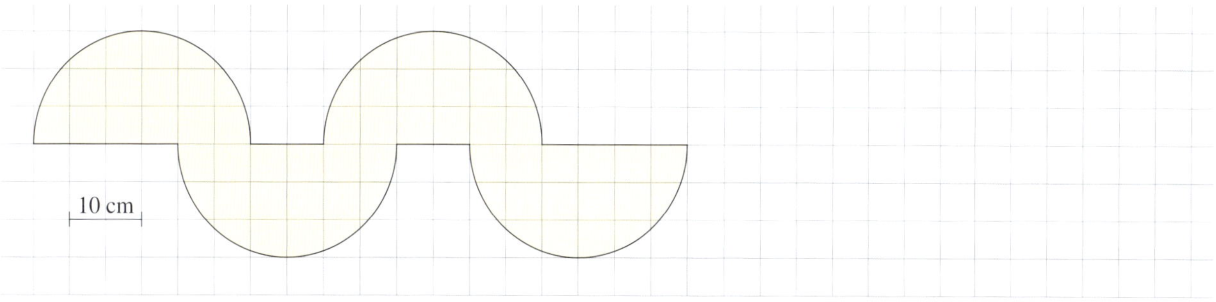

a) Berechne zuerst den Farbverbrauch für den abgebildeten Teil des Ornamentes. Setze es danach bis zum Rand fort.
Hinweis: Beachte den Maßstab.

b) Zusatzaufgabe: Ergänze weitere Elemente im Ornament und ermittle den Farbverbrauch.

Kreisteile

▶ Grundwissen

Flächeninhalt eines Kreisrings
$A_R = \pi \cdot r_a^2 - \pi \cdot r_i^2$

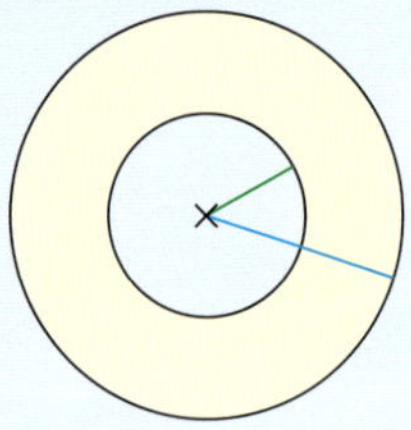

Flächeninhalt eines Kreissektors
$A_S = \frac{\alpha}{360°} \cdot \pi \cdot r^2$

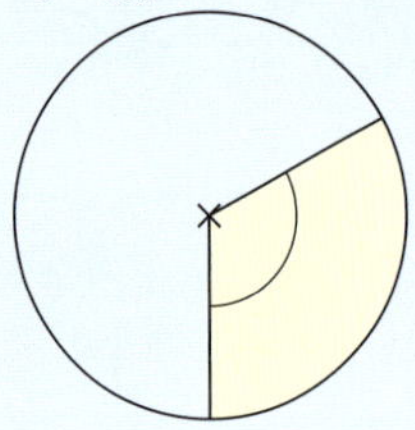

Länge eines Kreisbogens
$b = \frac{\alpha}{360°} \cdot \pi \cdot d$

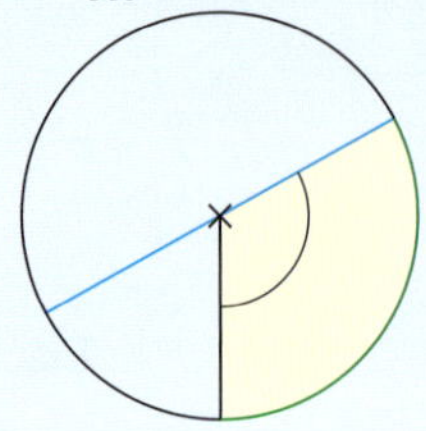

Beispiele:

$A_R = \pi \cdot (1{,}4\,\text{cm})^2 - \pi \cdot (0{,}7\,\text{cm})^2$

$A_R \approx$ ____________________

$A_S = \frac{120°}{360°} \cdot \pi \cdot (1{,}4\,\text{cm})^2$

____

$b = \frac{120°}{360°} \cdot \pi \cdot 2{,}8\,\text{cm}$

____

▶ **Auftrag:** Ergänze α; A_R; A_S; b; d; r; r_a; r_i in den Zeichnungen und berechne die Ergebnisse.

Trainieren

1 Kreuze zuerst die kleinste(n) gelbe(n) Fläche(n) an und berechne danach die Flächeninhalte.

① ☐

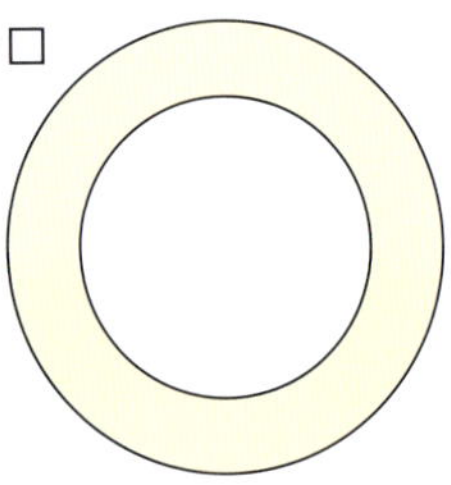

② ☐

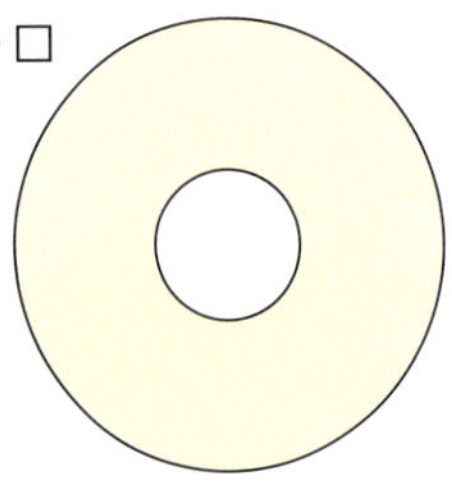

③ ☐

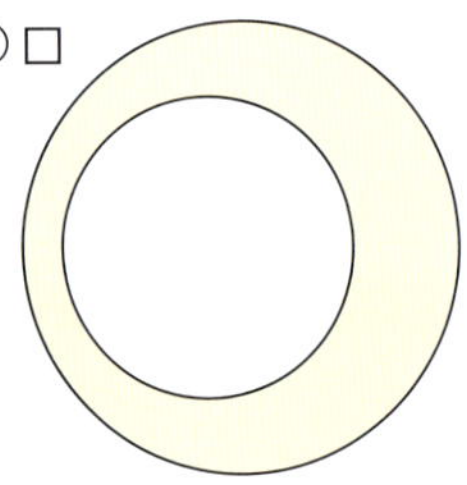

④ ☐

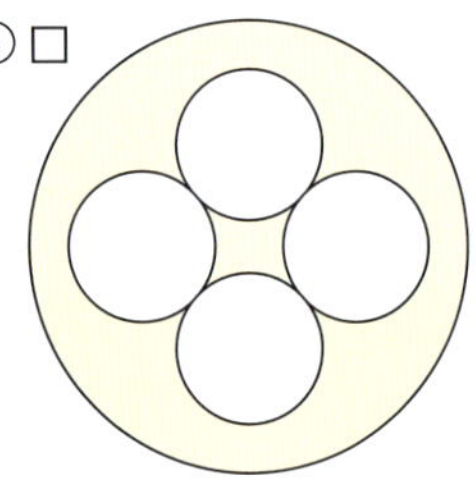

2 Ergänze die Tabelle für einen Kreis mit einem Radius von einem Dezimeter.

Mittelpunktswinkel	180°			270°		
Bogenlänge		$\frac{1}{2} \cdot \pi$ dm			$\frac{3}{4} \cdot \pi$ dm	
Flächeninhalt des Kreisausschnittes			$\frac{1}{8} \cdot \pi\,\text{dm}^2$			$\frac{5}{8} \cdot \pi\,\text{dm}^2$

3 Ordne die Mittelpunktswinkel, die Flächeninhalte der Kreissektoren und die Längen der Kreisbögen zu.

Halbkreis mit $r = 10$ m | Viertelkreis mit $r = 12$ m | Zehntelkreis mit $d = 12$ m | Zwölftelkreis mit $d = 14$ m

$\alpha = 90°$ | $\alpha = 36°$ | $\alpha = 180°$ | $\alpha = 120°$ | $\alpha = 30°$ | $\alpha = 75°$

$A_S \approx 157{,}08\,\text{m}^2$ | $A_S \approx 11{,}30\,\text{m}^2$ | $A_S \approx 12{,}83\,\text{m}^2$ | $A_S \approx 113{,}10\,\text{m}^2$ | $A_S \approx 173{,}10\,\text{m}^2$

$b \approx 18{,}85$ m | $b \approx 31{,}42$ m | $b \approx 3{,}67$ m | $b \approx 15{,}14$ m | $b \approx 3{,}77$ m

4 Kreisausschnitte

a) Berechne jeweils die Bogenlänge und den Flächeninhalt der Kreisausschnitte.

$b_1 =$ ______

$b_2 =$ ______

$b_3 =$ ______

$b_4 =$ ______

$A_{S1} =$ ______

$A_{S2} =$ ______

$A_{S3} =$ ______

$A_{S4} =$ ______

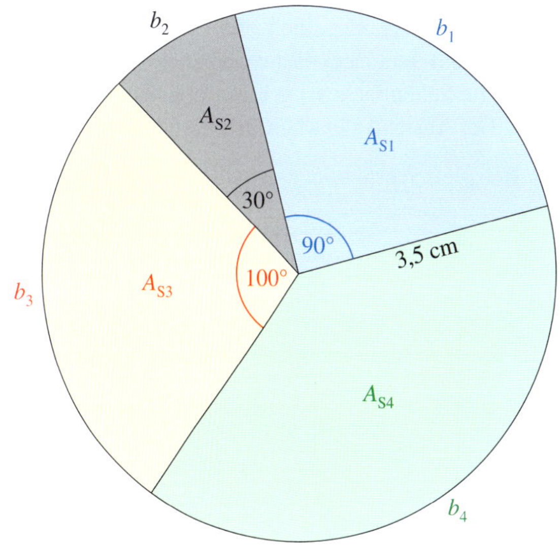

b) Berechne den Flächeninhalt und den Umfang des Kreises.
Überprüfe damit, ob deine Ergebnisse bei Teilaufgabe **a** stimmen können. Addiere sie.

Anwenden und Vernetzen

5 Christoph warf drei Pfeile.

a) Ermittle die erreichte Punktzahl.

b) Ermittle die Flächeninhalte der getroffenen Felder.
Runde auf volle Quadratmillimeter.
Zusatzaufgabe: Prüfe, ob die Punktzahl etwa proportional zur Flächengröße ist.

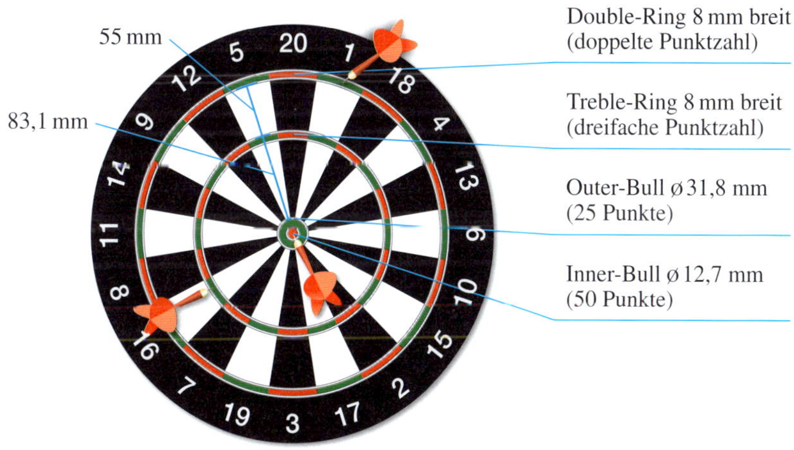

6 Berechne den Mittelpunktswinkel und den Flächeninhalt eines Kreisausschnittes mit einem Radius von 8 cm und einer Bogenlänge von 15 cm.

Zylinder erkennen und zeichnen

▶ Grundwissen

- Gerade Zylinder sind Körper mit einem Kreis als Grund- und Deckfläche. Grund- und Deckfläche sind zueinander parallel und kongruent.
- Die Seitenfläche ist gekrümmt und ergibt abgerollt ein Rechteck. Das ist der Mantel.
- Der Abstand zwischen Grund- und Deckfläche ist die Höhe des Zylinders.

Beispiel: Schrägbilder verschiedener Zylinder

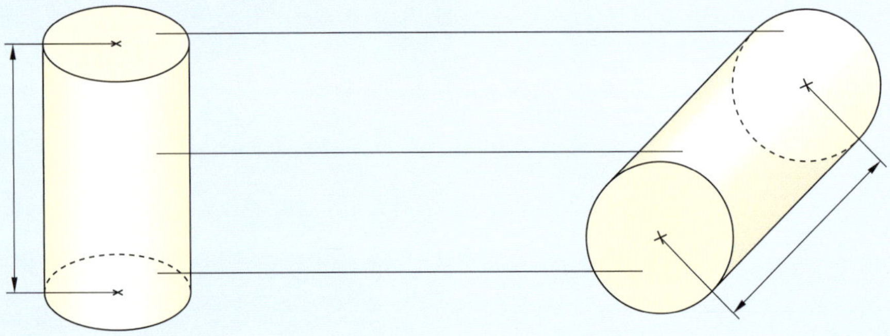

▶ Auftrag: Ergänze die Fachbegriffe.

Trainieren

1 Teile mit der Form eines Zylinders

a) Wie viele zylinderförmige Holzteile wurden anscheinend verbaut? ______

b) Wie viele Grund- bzw. Deckflächen zylinderförmiger Holzteile sind ganz oder teilweise auf dem Foto zu sehen? ______

c) Das Flugzeug ist ca. 15 cm lang. Welches zylinderförmige Teil ist etwa 5 mm hoch? ______

d) Woran erkennt man, dass der Flugzeugrumpf kein Zylinder ist?

______

______

2 Zylinder im Alltag

a) Kreuze alle Gegenstände an, die oft die Form eines Zylinders haben.

☐ geschlossene Konservendose ☐ neuer, nicht angespitzter Bleistift ☐ Kugelschreiber
☐ Säulen an alten Gebäuden ☐ Besenstiel ☐ Milchverpackung

b) Nenne fünf zylinderförmige Gegenstände aus deiner Umgebung.

______

______

______

3 Ein zylinderförmiger Körper wurde von oben fotografiert (in der Draufsicht). Was kann auf dem Foto zu sehen sein? Kreuze an.

☐ Kreis ☐ Dreieck ☐ Viereck ☐ Fünfeck ☐ Rechteck ☐ Quadrat

4 Ergänze jeweils zu Schrägbildern von gleich großen Kreidestücken und gib deren Maße an.
Hinweis: Zeichne die passenden Kreise wie im Grundwissen.

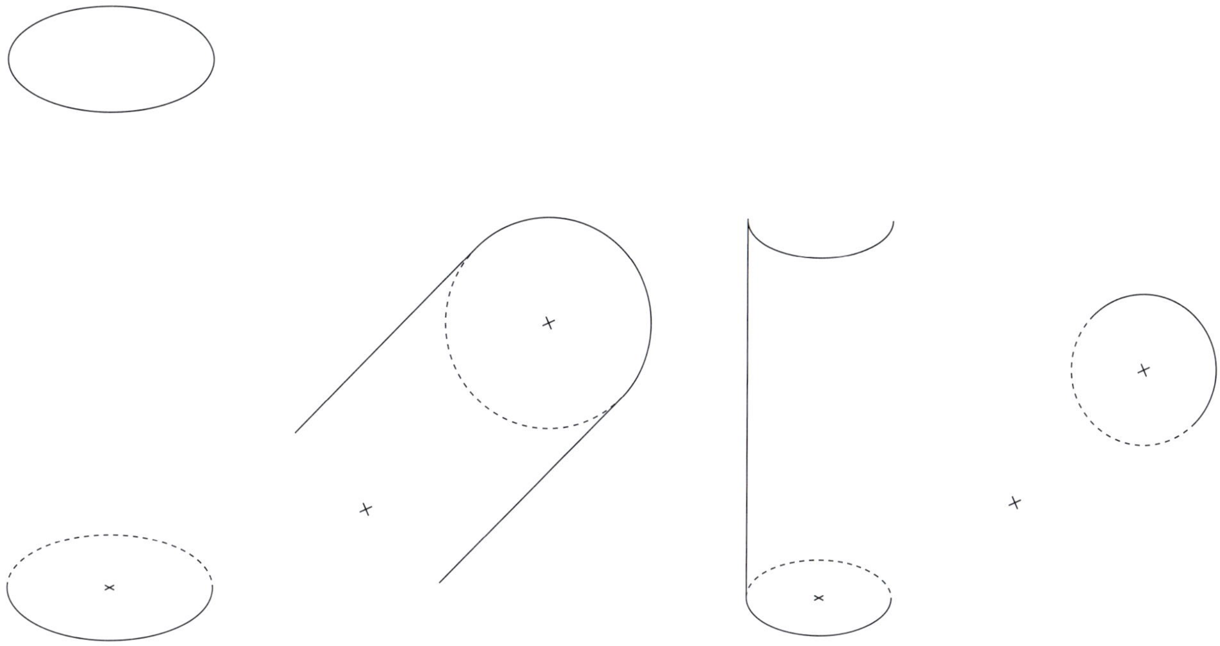

Höhe des Zylinders: ______ Höhe des Zylinders: ______

Radius der Grundfläche: ______ Radius der Grundfläche: ______

Anwenden und Vernetzen

5 Von mehreren Grundformen von Körpern wurden die Sicht von oben (Draufsicht) und die von der Seite (Seitenansicht) im Maßstab 1 : 1 abgebildet. Abbildungen mit der gleichen Nummer gehören zum gleichen Körper.

Draufsichten

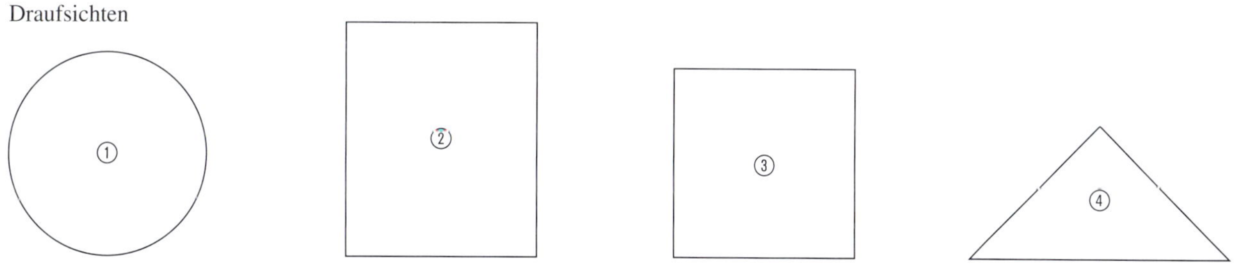

Seitenansichten

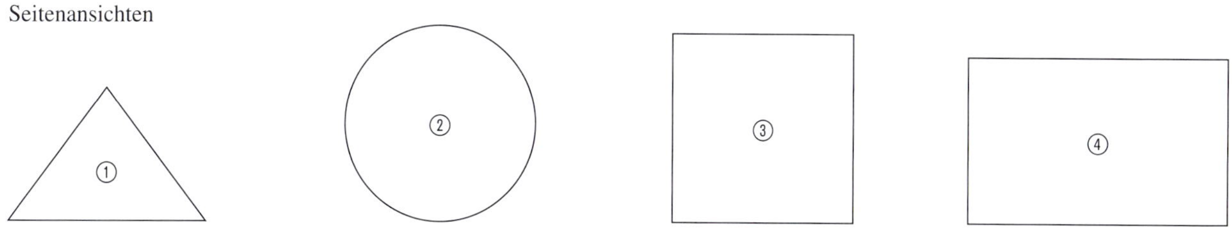

______ ______ ______ ______

a) Ergänze die Namen der Grundformen.
Zusatzaufgabe: Gib, wenn möglich, mehrere passende Bezeichnungen an.

b) Zeichne rechts ein Schrägbild vom Körper ②.

Oberflächeninhalte von Zylindern

▶ Grundwissen

- Für dem Oberflächeninhalt A_O gilt:

$A_O =$ ______________________

$A_G =$ ______________________

$A_M =$ ______________________

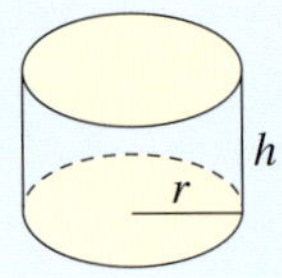

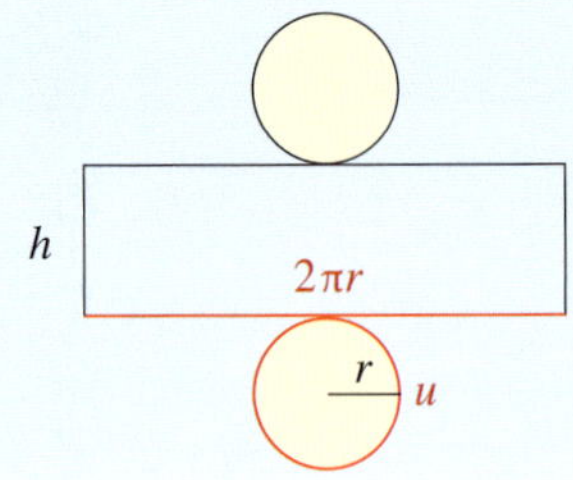

▶ **Auftrag:** Ergänze die Formeln.

Trainieren

1 Netz und Oberflächeninhalt eines Zylinders

a) Vervollständige das Netz des abgebildeten Zylinders im Maßstab 1 : 100.

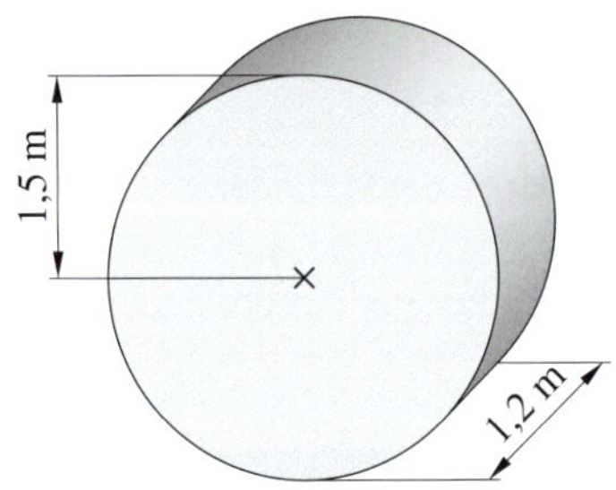

b) Gib den Flächeninhalt einer Grundfläche, der Mantelfläche und der Oberfläche des Zylinders an.

$A_G =$ ______________________

$A_M =$ ______________________

$A_O =$ ______________________

2 Vervollständige die Tabelle.

Radius	Durchmesser	Flächeninhalt der Grundfläche	Höhe	Flächeninhalt der Mantelfläche	Flächeninhalt der Oberfläche
17 cm			5,5 cm		
1,2 m			70 cm		
	0,6 cm		5,6 m		
	148 mm		12 mm		

3 Grundflächen und Mantelflächen

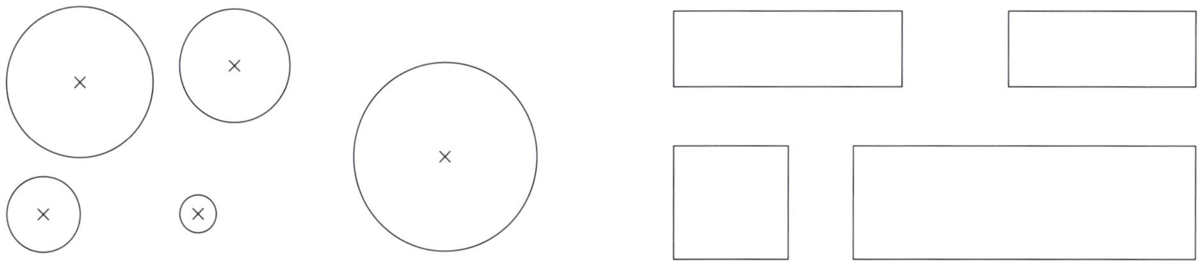

a) Zu welchen drei Grundflächen von Zylindern sind passende Mantelflächen abgebildet?

b) Berechne die Oberflächeninhalte der Zylinder aus Teilaufgabe **a**.
Runde die Endergebnisse auf volle Quadratzentimeter.

Zylinder ①: ______________________

Zylinder ②: ______________________

Zylinder ③: ______________________

c) Zu zwei Grundflächen passt keine der Mantelflächen.
Wie lang müsste das übrig gebliebene Rechteck sein, damit es die zugehörige Mantelfläche ist?

____

Anwenden und Vernetzen

4 Eine Litfaßsäule hat einen Durchmesser von 1,2 m. Ihre Klebefläche ist 3 m hoch.
Wie viele bedruckte DIN-A4-Blätter könnten darauf höchstens geklebt werden, ohne dass deren Inhalte verdeckt sind?
Hinweis: Jede Seite des Arbeitsheftes hat DIN-A4-Format.

____

____

5 Um einen Zylinder wurde in zwei vollständigen Umläufen eine Schnur gewunden.
Er hat eine Höhe von $h = 3$ m und einen Durchmesser von $d = 50$ cm.
Im Bild sind der Zylinder und sein abgewickelter Mantel skizziert.

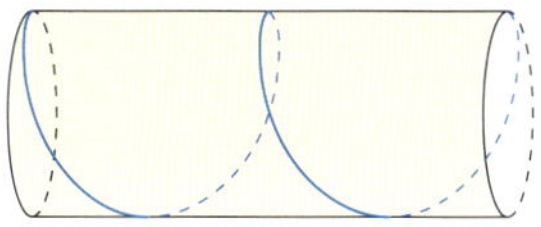

a) Gib den Oberflächeninhalt des Zylinders an.

____

____

____

b) Zeichne den Verlauf der Schnur in den abgewickelten Zylindermantel ein.

c) Kreuze die Länge der Schnur an.

☐ ca. 3 m ☐ ca. 4 m ☐ ca. 5 m ☐ ca. 6 m

Volumen von Zylindern

▶ Grundwissen

Das Volumen V eines Zylinders ist das Produkt des Flächeninhalts der Grundfläche A_G und der Körperhöhe h_k.

$V = A_G \cdot h_k$ $\qquad$ $A_G = \pi \cdot r^2$

$V = \pi \cdot r^2 \cdot h_k$

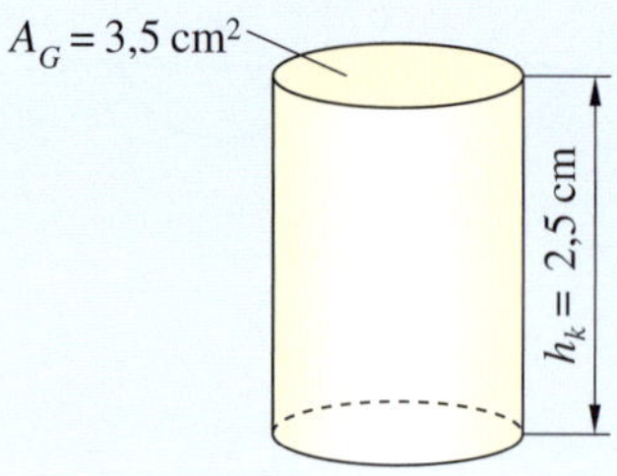

Beispiel: $V =$ ______________________

▶ Auftrag: Ergänze das Beispiel.

Trainieren

1 Abgebildet sind Grundflächen von 4 cm hohen Zylindern.
Ermittle jeweils den Flächeninhalt der Grundflächen A_G und das Volumen V.

a) 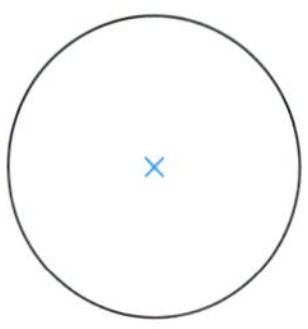

$A_G \approx$ ____________

$V \approx$ ____________

b) 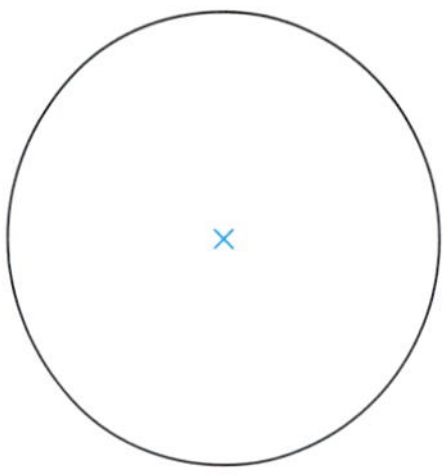

$A_G \approx$ ____________

$V \approx$ ____________

c) 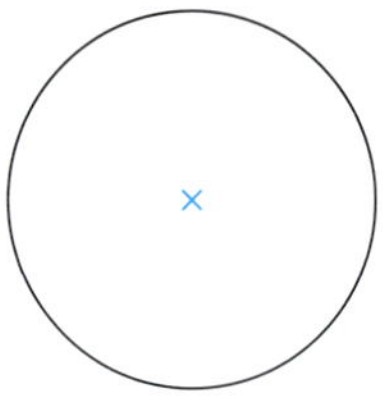

$A_G \approx$ ____________

$V \approx$ ____________

Ergebnisse zum Abstreichen:
3,1
4,9
7,1
12,6
19,6
28,3
13,7

2 Ergänze die Tabelle für Zylinder.

Radius	Durchmesser	Grundfläche	Höhe	Volumen
5 cm			8 cm	
	5 mm			62,82 mm^3
6,2 m			15,32 m	
	2 dm			11,30 dm^3

3 Aus einem Glas wurde mehrmals getrunken. Anfangs waren 200 ml Wasser darin (1. Bild).

a) Schätze, wie viel Wasser jeweils im Glas ist.

1. Bild	2. Bild	3. Bild	4. Bild	5. Bild
200 ml				

b) Gib Innenlängen von Gläsern an, die genau 200 ml fassen.
Hinweis: Prüft gegenseitig die vorgeschlagenen Möglichkeiten.

____

____

4 Zwei zylinderförmige Kochtöpfe sind gleich hoch. Der Durchmesser des zweiten Topfes ist doppelt so groß wie der des kleineren.

a) Berechne die Volumen beider Töpfe, wenn der kleinere 12 cm hoch ist und einen Durchmesser von 13 cm hat. Gib die Ergebnisse in Litern an.

b) Wievielmal größer ist das Volumen des größeren Topfes vermutlich? Zusatzaufgabe: Begründe deine Vermutung.

5 Eine zylinderförmige Regentonne soll laut Etikett ein Fassungsvermögen von 0,5 m^3 haben. Als Höhe sind auf der Regentonne 1,10 m eingeprägt und als Durchmesser 76 cm.

a) Passt das Etikett zu der Regentonne?

b) An einem Tag wird die bis dahin leere Tonne halb voll. Wie viel Wasser ist in der Tonne?

Anwenden und Vernetzen

6 Das in der Zeichnung dargestellte Werkstück wurde an der Dreh- und Fräsmaschine gefertigt. Als Rohling wurde ein Zylinder mit einem Durchmesser von $d = 40$ mm und einer Höhe von $h = 55$ mm verwendet.

a) Berechne das Volumen V des Werkstückes. Hinweis: Zerlege das Werkstück in drei Teilkörper.

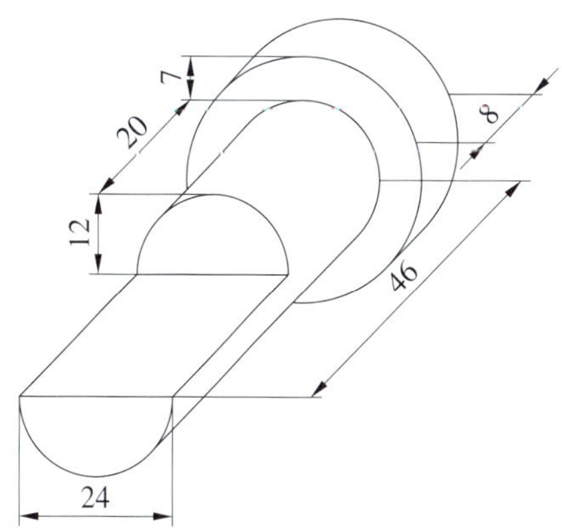

b) Wie viel Prozent vom Rohling (Zylinder) wurden zu Abfall?

Kapitel **Lineare Gleichungssysteme**

1 Lösungen von Gleichungen mit zwei Variablen

a) Ermittle die Lösung rechnerisch und grafisch.

I $8y + 4x = 680$
II $y = x - 5$

b) Kreuze die wahre Aussage an und begründe.

☐ (40 | 65) ist eine Lösung des Gleichungssystems.
☐ (40 | 35) ist eine Lösung einer der Gleichungen.

2 Ermittle die Lösungen.

a) I $15x = 81 - 17y$
II $15x = -3 + 11y$

b) I $2x - 3y = 1$
II $-2x + 3y = -1$

c) I $2y = 8 - x$
II $8y = x$

3 Die Summe zweier Zahlen ist 99. Ihre Differenz ist 63.

a) Kreuze die passenden Gleichungssysteme an.

☐ I $x + y = 99$
II $x - y = 63$

☐ I $36 = x + y$
II $x = 99 - y$

☐ I $99 - x = x + y$
II $y - x = 36$

☐ I $99 = x + y$
II $x = 63 + y$

b) Ermittle beide Zahlen.

Kapitel Ähnlichkeit

1 Kreuze die im geometrischen Sinn zueinander ähnlichen Figuren an.

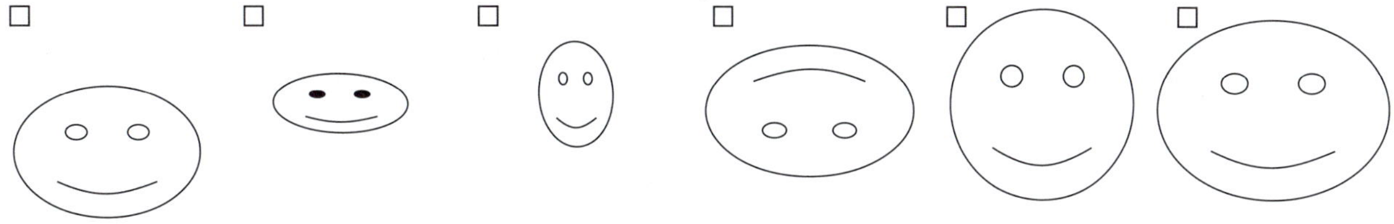

2 Das Streckungszentrum ist der Punkt Z und der Streckungsfaktor ist $k = \frac{1}{4}$.
Zeichne das entsprechende Bild der Figur.

3 Berechne x und y.

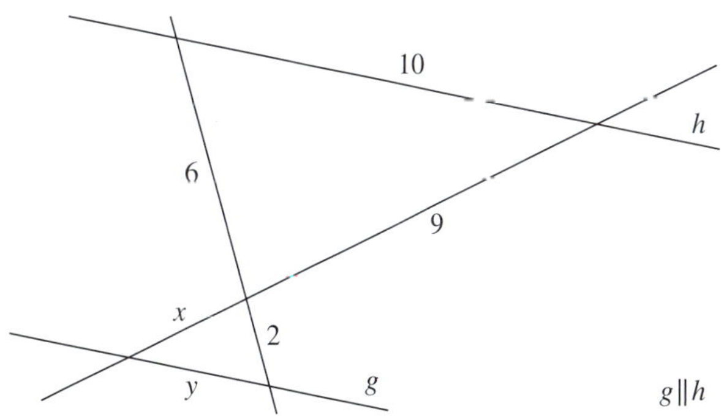

4 Die Höhe von Türmen kann mithilfe von zwei Stäben näherungsweise ermittelt werden.
Betrachte die Skizze und berechne die Höhe des Turms.

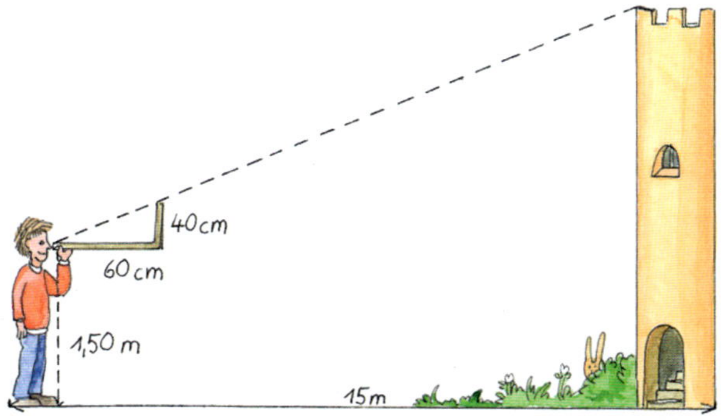

Kapitel Satz des Pythagoras

1 Ist das Dreieck mit den angegebenen Seitenlängen rechtwinklig?
Begründe deine Antwort mithilfe einer Rechnung.

a) $x = 9\,\text{cm}$; $y = 15\,\text{cm}$; $z = 12\,\text{cm}$ ☐ rechtwinklig ☐ nicht rechtwinklig

b) $s = 2\,\text{cm}$; $t = 3\,\text{cm}$; $u = 4\,\text{cm}$ ☐ rechtwinklig ☐ nicht rechtwinklig

c) $a = 7{,}8\,\text{cm}$; $b = 2{,}2\,\text{cm}$; $c = 8\,\text{cm}$ ☐ rechtwinklig ☐ nicht rechtwinklig

2 Konstruiere ein Dreieck ABC mit
$c = 8$ cm;
$h_c = 3{,}5$ cm und
$\gamma = 90°$.
Beschrifte es.
Hinweis: Nutze einen Zirkel zum Zeichnen eines Halbkreises und ein Geodreieck zum Zeichnen einer Parallelen zu c.

3 Dreiecke im Halbkreis

a) Kreuze die richtig aufgestelle Gleichung an.

☐ $a^2 + a^2 = b^2$

☐ $a^2 + a^2 = a^2$

☐ $(2\,a)^2 = a^2 + b^2$

☐ $2\,a^2 = a^2 + b^2$

b) Ergänze die gesuchte Winkelgröße.

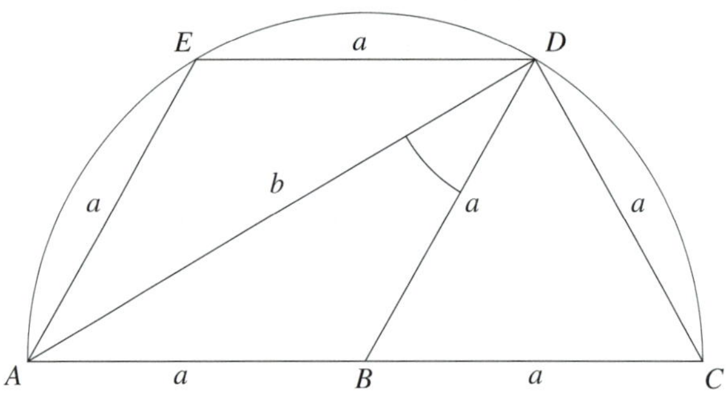

4 „Rasenlatscher" sind Fußgänger, die gerne Wege abkürzen, indem sie statt auf den angelegten Wegen über den Rasen laufen.
Zwei Wege verlaufen senkrecht zueinander. 10 m vor der Kreuzung verlässt ein Fußgänger einen der Wege und kommt 12 m dahinter auf dem anderen an.
Wie viele Schritte spart der „Rasenlatscher" mit einer durchschnittlichen Schrittlänge von 75 cm?
Hinweis: Fertige eine Skizze an.

Kapitel Zweistufige Zufallsexperimente

1 Clas versucht zwei Frösche in eine große Tasse springen zu lassen.
Die Frösche landen erfahrungsgemäß mit einer Wahrscheinlichkeit von 40 % in der Tasse.

a) Beschrifte das Baumdiagramm.

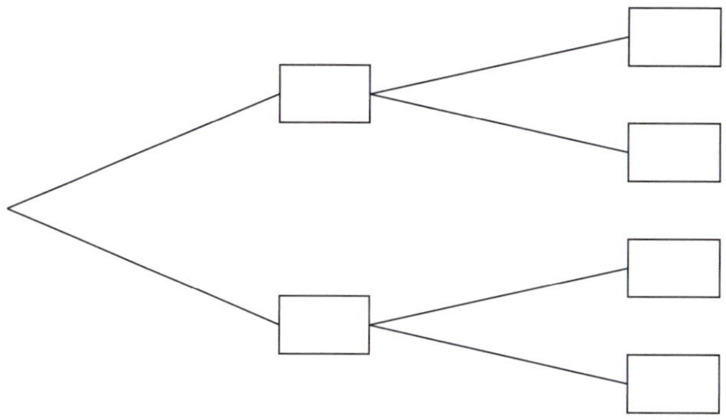

b) Mit welcher Wahrscheinlichkeit landen die beiden Frösche in der Tasse?

____

c) Mit welcher Wahrscheinlichkeit landet mindestens ein Frosch in der Tasse?

____

d) Mit welcher Wahrscheinlichkeit landet nur der zweite Frosch in der Tasse?

____

2 Frau Chung hat Reis, Nudeln, gebackenes Hähnchen, gebackene Ente, Pilze mit Gemüse und Ananas mit Gemüse im Angebot.

a) Ermittle mithilfe von zwei Baumdiagrammen, wie viele Gerichte vermutlich auf der Speisekarte stehen werden. Jedes Gericht besteht entweder aus einer einfachen Portion Reis oder Nudeln und einer oder zwei der anderen Komponenten, die dazukommen.

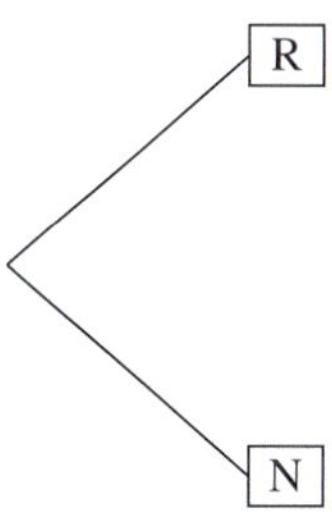

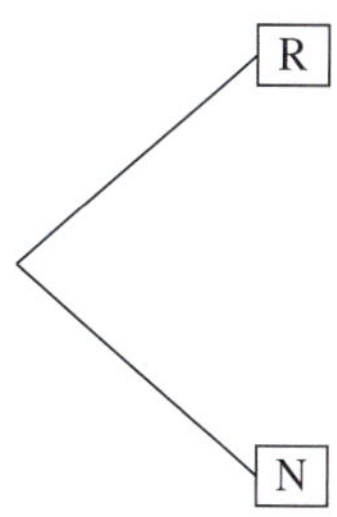

____

b) Jedes Gericht hat eine andere Nummer (1; 2; 3; 4; 5; …).
Die Nummern wurden nach dem Zufallsprinzip und ohne System vergeben.
Mit welcher Wahrscheinlichkeit ist das erste Gericht mit gebackener Ente?

____

Kapitel **Vom Vieleck zum Kreis**

1 Ergänze die fehlenden Angaben.

Münzen	Radius	Durchmesser	Umfang	Flächeninhalt
2€	12,875 mm			
1€				425 mm^2
50 ct			7,62 cm	

2 Ermittle jeweils Umfang und Flächeninhalt der Figuren.

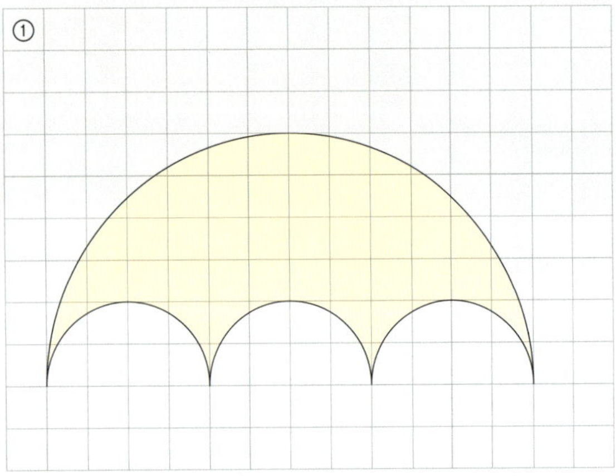

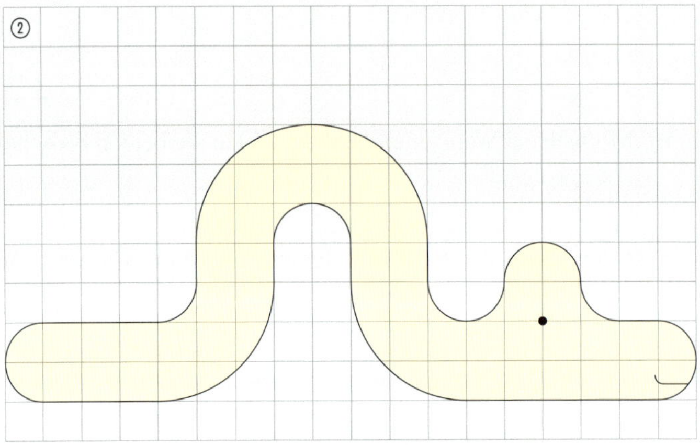

Umfang von Figur ①:

Flächeninhalt von Figur ①:

Umfang von Figur ②:

Flächeninhalt von Figur ②:

3 Eine Wendeltreppe besteht aus 19 Stufen, die 20 cm hoch sind. Bei einer Renovierung sollen die Trittflächen nachlackiert werden.
Ein dünner durchgehender Lichtschlauch wird nachträglich am Außenrand zur Beleuchtung angebaut.

a) Wie groß ist die zu lackierende Fläche?

b) Wie viel Meter Lichtschlauch werden benötigt?

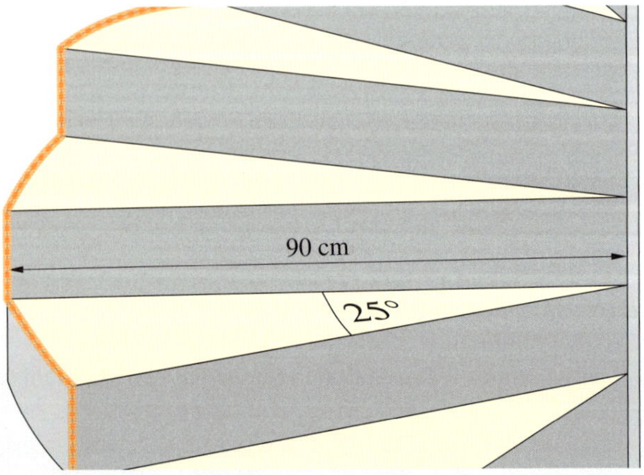

Kapitel Zylinder

1 Netz und Schrägbild von Zylindern

a) Vervollständige das Netz eines 1,5 cm hohen Zylinders.

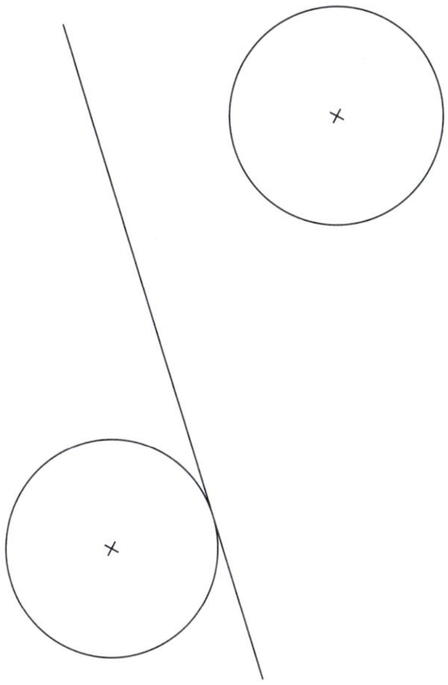

b) Vervollständige das Schrägbild eines 5 cm hohen Zylinders mit 4 cm Durchmesser.

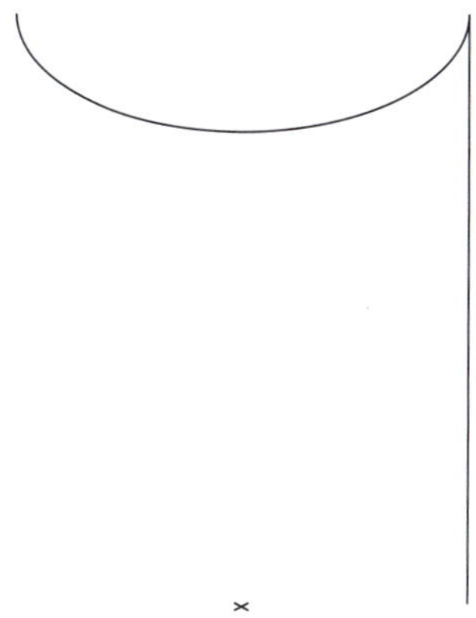

2 Nenne drei alltägliche Gegenstände, die oft die Form eines Zylinders haben.

3 Den Mantel eines Zylinders bildet ein 10 cm langes und 20 cm breites Rechteck.

a) Wie hoch kann der Zylinder sein?

b) Kreuze die möglichen Größen der Grundflächen an.

☐ $d \approx 9{,}15\,\text{cm}$ ☐ $d \approx 6{,}37\,\text{cm}$ ☐ $d \approx 3{,}18\,\text{cm}$

☐ $A_G \approx 7{,}96\,\text{cm}^2$ ☐ $A_G \approx 22{,}68\,\text{cm}^2$ ☐ $A_G \approx 31{,}83\,\text{cm}^2$

c) Berechne beide möglichen Oberflächeninhalte und Volumen.
Runde die Endergebnisse auf volle Quadrat- bzw. Kubikzentimeter.

d) Der Mantel wird halbiert, sodass ein halb so großes Rechteck vorliegt.
Die Grundfläche bleibt unverändert.
Überlege, wie sich dadurch der Oberflächeninhalt und das Volumen ändern.

Jahrgangsstufentest

1 Zentrische Streckung mit Streckungszentrum Z

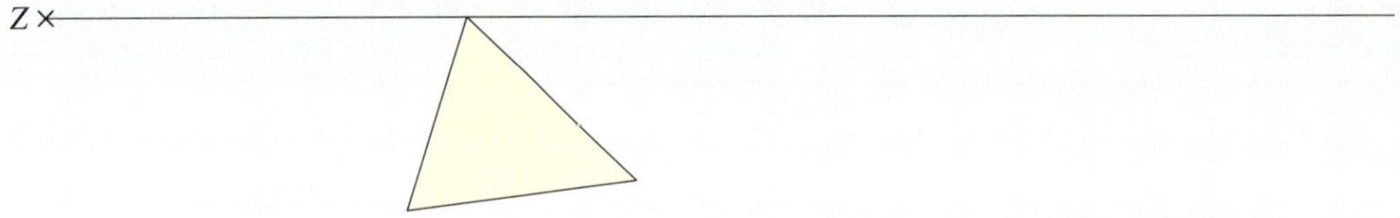

a) Zeichne mithilfe der zentrischen Streckung ein Dreieck mit doppelt so langen Seiten und ein Dreieck mit halb so langen Seiten wie beim gelben Dreieck.

b) Begründe mithilfe der Winkelgrößen, warum alle drei Dreiecke aus Teilaufgabe **a** zueinander ähnlich sind.

2 Berechne jeweils die Breite der Seen.

a)

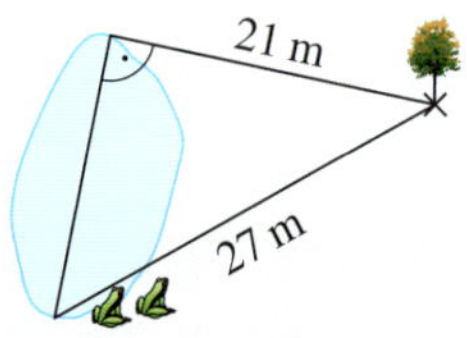

b)

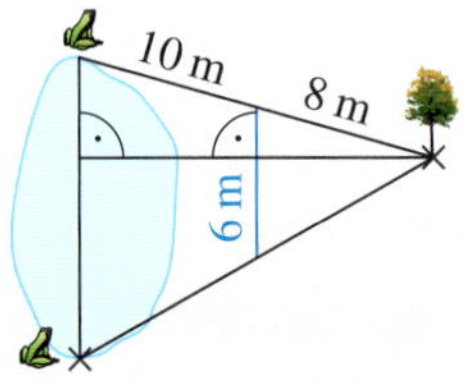

3 Familie Krüger hat einen dünnwandigen zylinderförmigen Pool mit 3 m Durchmesser und einer Höhe von 80 cm.

a) Wie viele Quadratmeter beträgt die Stellfläche des Pools?

b) Die seitliche Wand des Pools entsteht aus einem Rechteck. Zwei gegenüberliegende Seiten berühren einander. Gib die Maße des Rechtecks an.

c) Wie viel Liter Wasser sind im Pool, wenn das Wasser 70 cm hoch steht?

4 Frau Mosch zahlt im Freibad 14,75 € Eintritt für sich und ihre beiden Kinder.
Herr Krüger zahlt für zwei Erwachsene und drei Kinder 25,30 €.
Kinder und Jugendliche bis 16 Jahre zahlen gleich viel. Ermittle den Gesamtpreis für fünf Jugendliche.

5 Aus der Packung werden Eier genommen. Die Auswahl ist zufällig. Genau drei der Eier sind angeschlagen. Gib die Wahrscheinlichkeiten folgender Ereignisse in Prozent an.
Hinweis: Zeichne ein Baumdiagramm auf ein zusätzliches Blatt.

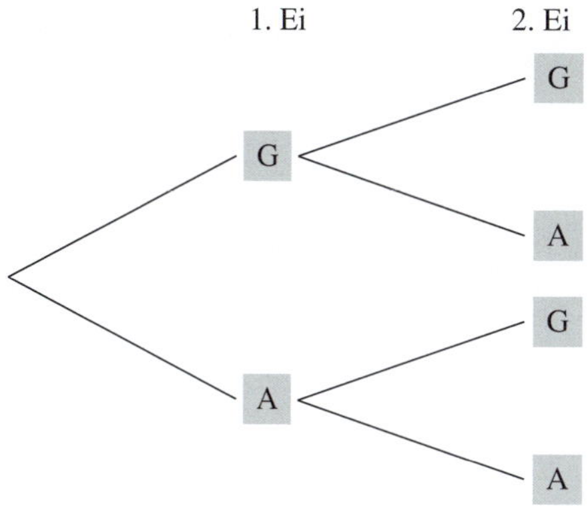

a) Das zuerst genommene Ei ist angeschlagen. ____________

b) Das zuerst genommene Ei ist ganz. ____________

c) Das erste und das zweite Ei sind angeschlagen. ____________

d) Das erste oder das zweite Ei sind angeschlagen. ____________

6 Ermittle die Werte ohne Taschenrechner.

a) $\sqrt{1,44} =$ ______ b) $\sqrt{2} \cdot \sqrt{32} =$ ______ c) $4\sqrt{7} + 2\sqrt{7} =$ ______ d) $\sqrt{75} : \sqrt{3} =$ ______

7 Trage die Buchstaben der gesuchten Begriffe in die Kästchen ein.
Wenn alles richtig ist, ergibt sich ein Lösungswort.

1. Zwei Figuren sind zueinander …, wenn einander entsprechende Winkel gleich groß sind.
2. Ein Körper mit einer gekrümmten Seitenfläche ist ein …
3. Die Ergebnisse zweistufiger Zufallsexperimente sind geordnete …
4. Der griechische Mathematiker … lebte von 570 bis 510 v. Chr.
5. Die beiden kürzeren Seiten eines rechtwinkligen Dreiecks nennt man …
6. Ein Satz zu rechtwinkligen Dreiecken ist benannt nach …
7. Den Term unter dem Wurzelzeichen nennt man …
8. Mehrstufige Zufallsexperimente können mithilfe von … veranschaulicht werden.
9. Flächen ohne Ecken sind …
10. Lösungen von Gleichungen können durch … gefunden werden.

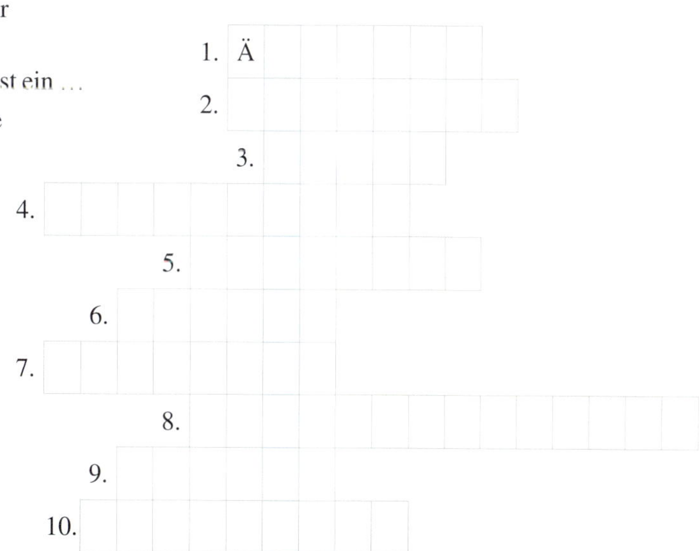